GARTENMÖBEL
AUS HOLZ

stv

RANDALL A. MAXEY

GARTENMÖBEL AUS HOLZ

SUPER-SIMPEL SELBST GEMACHT

LEOPOLD STOCKER VERLAG
GRAZ – STUTTGART

Inhalt

EINLEITUNG 6

WERKZEUG UND TECHNIKEN 8

BEISTELLTISCHCHEN 20

ZIERBRÜCKE 26

HOCHBEET 57

WUNSCHBRUNNEN 64

PERGOLA 71

BANKTRUHE 94

PICKNICKTISCH 102

HOLLYWOOD-SCHAUKEL 109

VOGELHÄUSCHEN 34

GARTENBANK 42

WANDLEUCHTE 52

GRILLTISCH 78

TERRASSENTABLETT 84

HÄNGEMATTEN-
STÄNDER 88

ADIRONDACK-
SESSEL 116

ÜBER DEN AUTOR 124
DANKSAGUNGEN 125
STICHWORT-
VERZEICHNIS 126

Einleitung

Beim Schreiben dieses Buches war es mein Ziel, Gartenmöbelprojekte zu entwerfen, die sich leicht zusammenbauen lassen und mit nur wenigen einfachen Werkzeugen und gewöhnlichem Holz, das jeder Baumarkt üblicherweise auf Lager hat, auskommen. Sie finden hier eine Reihe an Werken als wundervolle Ergänzung Ihrer Gartengestaltung.

Ob Sie bereits Tischlererfahrung gesammelt haben oder nicht, spielt für diese Projekte keine Rolle. Mit diesem Buch in der Hand werden Sie herausfinden, dass das Bauen aufsehenerregender Objekte für Ihre Landschafts- oder Gartengestaltung ein vergnügliches Unterfangen ist. Folgen Sie einfach den Schritt-für-Schritt-Anleitungen sowie den Fotos und Bildern, und der Erfolg ist Ihnen sicher! Sie brauchen keine geräumige Werkstatt, vollgestopft mit großen, teuren Gerätschaften. Ihr Werkzeugkasten muss nicht viel mehr beinhalten als eine Säge und eine Bohrmaschine. Ihre Werkstatt ist Ihr Garten.

Ich habe mich nicht nur darangemacht, einfache Möbel zu entwerfen, sondern ich hatte die Absicht, die Projekte auch praktisch zu gestalten. Ich habe zum Beispiel die Schaukel, den Sessel und die Gartenbank so konzipiert, dass es über einen längeren Zeitraum bequem ist, darin zu sitzen. Bei jedem dieser Projekte sind Sitz und Rückenlehne abgewinkelt, um für Komfort zu sorgen. Dies bedeutet, dass große Aufmerksamkeit für Details notwendig ist, wenn Sie die Einzelteile zum Zuschnitt und Zusammenbau abmessen und anzeichnen. Bei einigen Teilen sind Schrägschnitte erforderlich, und bei einigen Werken sind beim Aufbau genaue Winkel notwendig. Das Befolgen der Anweisungen für jeden Schritt macht die Arbeit einfach, überschaubar und unkompliziert.

Sie werden sehen, dass einige Projekte so konzipiert sind, dass Sie sie in wenigen Stunden zusammenbauen können. Diese gehen meist mit rechtwinkligen Schnitten und Verschraubungen einher. Sie werden überrascht sein, wie schnell diese Möbelstücke sich zusammenfügen lassen. Andere Arbeiten hingegen erfordern ein bisschen mehr Studium der Bilder und Fotos, bevor Sie mit dem Bauen beginnen können, und bei wieder anderen brauchen Sie ein zusätzliches Paar Hände für den Zusammenbau. In allen Fällen werden Sie sehen, dass das Tischlern, vor allem von Gartenmöbeln, in Gesellschaft eines Freundes oder Nachbarn mehr Spaß macht.

Also nichts wie los zum Holzkauf im Baumarkt! Schnappen Sie sich Ihr Werkzeug, und dann gehen Sie nach draußen, um Ihre *Gartenmöbel aus Holz super-simpel selbst* zu machen. Worauf warten Sie noch?

Werkzeug und Technik

Die Auswahl an Werkzeugen, die Sie für den Bau aller Projekte in diesem Buch benötigen, ist minimal. Ein paar Handwerkzeuge und eine akku- oder strombetriebene Bohrmaschine sind für diese Arbeiten ausreichend. Haben Sie Zugang zu elektrischem Werkzeug, etwa zu einer Kreissäge oder einer Kapp- und Gehrungssäge, lässt sich die Arbeit damit schneller erledigen.

1 Handsäge (Fuchsschwanz)
2 Bohrmaschine
3 Kreissäge
4 Flachfräsbohrer
5 Schrauben für den Außenbereich
6 Beschläge für den Außenbereich
7 Winkelmesser
8 Maßband
9 Bohrer und Kegelsenker
10 Bohraufsatz

Einfaches Werkzeug ist alles, was Sie brauchen, um großartige Möbelstücke herzustellen, auf die Sie stolz sein können.

BENÖTIGTES WERKZEUG

Kreissäge oder Gehrungssäge (Handsäge kann ebenfalls verwendet werden)
Handsäge
Schraubenzieher (oder Bohrmaschine)
Kegelsenker (um ein Splittern zu vermeiden)
Bohrmaschine
Zollstock
Maßband
Kombinationswinkel
Winkelmesser
Flachfräsbohrer
ein Satz Holzbohrer
Schleifklotz
Arbeitsplatte oder Werkbank

HILFREICHE TIPPPS

- Entscheiden Sie, noch bevor Sie beginnen, wo Sie die Schneide- und Zusammenbauarbeiten vornehmen werden. Draußen zu arbeiten erleichtert das Beseitigen von Sägemehl und Holzabfällen ungemein.
- Es ist hilfreich, eine Arbeitsfläche zum Sägen, Bohren und Zusammenbauen der Werkstücke zu haben. Sie können eine geeignete Arbeitsfläche aufbauen, indem Sie ein günstiges Türblatt aus dem Baumarkt auf ein Paar Sägeböcke legen. Eine weitere Option ist der Aufbau eines Klapptisches. Was auch immer Sie verwenden, es sollte glatt, gerade, stabil und in einer angenehmen Arbeitshöhe zum Sägen und Bohren sein.
- Beim Zusammenbauen eines Objekts ist eine gerade Oberfläche ein Plus für leichtes und genaues Arbeiten. Ist Ihre Arbeitsfläche nicht groß genug, können Sie die betonierte Terrasse, die Einfahrt oder den Bürgersteig perfekt verwenden.
- Ein zusätzliches Paar Hände, das einem ein wenig Assistenz leistet, kann von unschätzbarem Wert sein. Versuchen Sie also, sich die Hilfe eines Freundes zu sichern.

SICHERHEIT

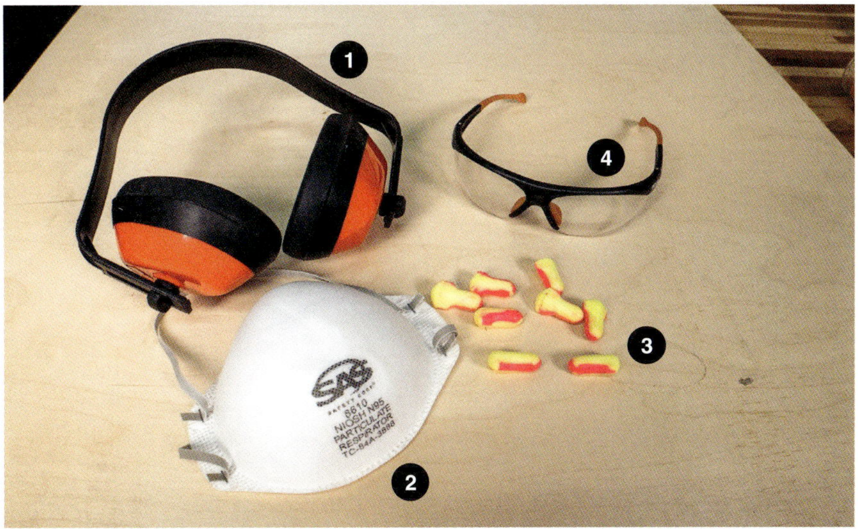

1 Ohrenschützer
2 Staubmaske
3 Ohrstöpsel
4 Sicherheitsbrille

Die Sicherheitsausrüstung ist ein Muss bei der Holzbearbeitung mit elektrischen Geräten.

Die Bearbeitung von Holz mit Handwerkzeugen erfordert ein wenig Vorsicht und Hausverstand. Wenn Sie beispielsweise eine Säge verwenden, achten Sie darauf, dass das Sägeblatt nicht in Berührung mit Ihren Fingern kommt, während Sie schneiden. Vermeiden Sie außerdem, mit der Hand- oder Kreissäge in Ihre Arbeitsfläche zu schneiden. Das passiert den Besten von uns – aber nur, wenn wir nicht prüfen, wo die Säge ist, bevor wir den Schnitt beginnen.

Schützen Sie immer Ihre Augen, wenn Sie elektrisches Werkzeug verwenden! Herumfliegende Holzsplitter und Sägemehl sind ein Ärgernis, aber das Tragen günstiger Sicherheitsbrillen ist eine Versicherung gegen mögliche Augenverletzungen.

Wenn Sie lautes Werkzeug verwenden, etwa Kreis- oder Kapp- und Gehrungssägen, ist ein Gehörschutz ein weiteres Must-have. Sie können günstige Schaumstoff- oder Silikon-Ohrstöpsel im Baumarkt kaufen. Suchen Sie nach einer Schalldämpfung (NRR) von 20 db oder mehr, um den besten Schutz zu erhalten. Wenn Sie Ohrstöpsel verwenden, folgen Sie der Gebrauchsanleitung, damit sie gut in den Ohren sitzen und schädlichen Lärm abhalten.

Ein Gehörschutz, der über die Ohren geht, ist eine hervorragende Alternative. Einige Menschen finden dies angenehmer als Ohrstöpsel. Die Wahl liegt bei Ihnen, aber nehmen Sie keine lauten Elektrogeräte in Betrieb, ohne Ihr Gehör zu schützen.

Schließlich entsteht beim Sägen von Holz eine Menge Sägemehl, weshalb es ratsam ist, eine Staubmaske zu tragen. Einwegmasken sind kostengünstig und gut geeignet, um feine Staubpartikel von dem Eintritt in die Lunge abzuhalten.

MESSEN UND MARKIEREN

Sie haben sicher schon ein Maßband im Werkzeugkasten. Verwenden Sie einen Gelschreiber statt eines Bleistifts, damit Ihre Markierungen hervorstehen.

Ein Plastik-Winkelmesser ist eines der praktischsten verfügbaren Werkzeuge. Er ist ideal zum Markieren, als Sägeführung und zum rechtwinkligen Zusammenbau.

Zum Markieren der Schnittlinien im Holz genügt einfaches Werkzeug. Ein Maßband und ein Bleistift oder Gelschreiber kommen bei jedem Brett und jeder Arbeit ins Spiel. Verwenden Sie einen spitzen Bleistift, um deutliche Linien zu ziehen. Günstige Druckbleistifte ersparen das Anspitzen. Für besser sichtbare Markierungen und Linien eignen sich schwarze Gelschreiber.

WINKELMESSER

Ein Werkzeug, das ich unerlässlich finde, ist der Winkelmesser. Er wird manchmal auch „Tischlerwinkel" oder „Zimmermannswinkel" genannt. Es gibt ihn aus Metall oder Plastik, und er ist ideal für rechtwinklige Schnitte oder Gehrungsschnitte (45°). Ich mag die Plastikversion lieber, weil sie günstiger ist und ich mir keine Gedanken machen muss, ob eine Kante bei unabsichtlichem Kontakt mit dem Werkzeug kaputtgeht. Sie haben eine Länge von 180 oder 200 mm oder länger (305 mm). Ich habe mehrere Größen zur Hand. Der längere Winkelmesser ist beim bündigen Zusammenbau der Einzelteile eines Objekts praktisch.

Ein Kombinationswinkel eignet sich gut zum Messen von Abständen zum Werkrand. Ein praktisches Beispiel ist das Markieren der Stellen für Schrauben.

ZOLLSTOCK

Ein weiteres hilfreiches Werkzeug ist der Zollstock aus Holz oder Aluminium, ein hervorragendes Lineal für Markierungslinien. Die Messskala ist ein zusätzliches Plus bei der Gestaltungsarbeit.

KOMBINATIONSWINKEL

Ein Werkzeug vieler professioneller Holzarbeiter ist der Kombinationswinkel aus einem Metalllineal, das in einem Metallkopf steckt. Nach dem Lösen eines Knopfs können Sie das Lineal verschieben, bis es so weit wie gewünscht aus dem Kopf herausragt, und dann den Knopf festziehen, um es zu sichern.

Der Kombinationswinkel gehört zu den Werkzeugen, die Sie oft verwenden werden, Qualität zahlt sich also aus. Ich halte Ausschau nach Modellen mit geätzten oder gefärbten Markierungen. Diese sollten gut lesbar und das Lineal leicht verschiebbar sein. Nehmen Sie Abstand von geprägten Linealen. Sie sind oft weniger genau, schwer einzustellen und schaffen am Ende nur Frust.

SÄGEN

Eine günstige Handsäge, die am besten auf Stoß und Zug sägt, leistet beim Zuschneiden gute Dienste.

Das Werkzeug, das Sie abgesehen von einem Schraubenzieher am häufigsten verwenden werden, ist die Säge. Jedes Teil muss auf seine Endlänge zugeschnitten werden, bevor Sie das Objekt zusammenbauen können. Es gibt einige Weisen, ein Brett zuzuschneiden: mit einer Handsäge, einer Kreissäge oder einer Gehrungssäge. Am günstigsten und einfachsten zu bekommen ist die Handsäge. Sie finden sie im Baumarkt. Die normale Länge liegt bei 400 mm.

HANDSÄGE

Beim Kauf einer Handsäge sollten Sie immer die Zahnanzahl pro Zoll im Hinterkopf behalten. Mit weniger als 10 Zähnen/Zoll werden sie für grobe Zuschnitte verwendet und können ein Splittern oder Ausreißen an der Schnittkante verursachen. Für glattere Schnitte sollten Sie zu 10 oder mehr Zähnen/Zoll greifen.

Das Benutzen einer Handsäge erfordert ein bisschen Übung, lässt sich aber in kurzer Zeit verinnerlichen. Beginnen Sie den Schnitt an der am weitesten von Ihnen entfernt liegenden Kante und sägen Sie zu Ihrem Körper hin. Der schwierigste Teil beim Verwenden einer Handsäge ist der Beginn des Schnitts, da die Säge gern von der Schnittlinie abweicht. Um dies zu vermeiden, führen Sie sie neben die Schnittlinie und legen die Daumenspitze Ihrer freien Hand über den Zähnen an das Sägeblatt. Ihr Daumen fungiert als Stopper, damit die Säge bei den ersten Strichen in der Spur bleibt. Zwingen Sie die Säge nicht und üben Sie keinen Druck nach unten aus – lassen Sie das Gewicht der Säge die Arbeit verrichten! Sägen Sie einige Striche, bis eine sogenannte Schnittkerbe entsteht. Ist diese tief genug, können Sie die freie Hand wegnehmen, um das Werkstück festzuhalten. Sägen Sie nun in längeren Strichen und behalten Sie die Schnittlinie im Blick. Wenn möglich, halten Sie den Abschnitt bis zum letzten Strich fest, um zu vermeiden, dass er herunterfällt, bevor der Schnitt fertiggestellt ist. So wird der Schnitt glatter und splittert nicht, was passieren kann, wenn das Reststück frei fällt, bevor der Schnitt vollständig ausgeführt worden ist.

Mit einer Kreissäge schneiden Sie das Werkstück im Handumdrehen auf die Endgröße zu.

Kapp- und Gehrungssägen sind das ultimative Werkzeug zum Längenzuschnitt.

KREISSÄGE

Haben Sie Zugang zu einer Kreissäge, sei sie akku- oder kabelbetrieben, verkürzt und erleichtert dies das Zuschneiden der Teile ungemein. Sie brauchen keine große Säge – eine kleine Zugsäge tut gute Dienste und ist leichter in der Handhabung.

Wie bei der Handsäge oder jeder anderen Säge wird der Schnitt auch hier umso glatter, je mehr Zähne sich am Sägeblatt befinden. Einige mit der Säge mitgelieferte Standardblätter sind für grobe Zuschnitte von Bauholz gedacht. Denken Sie über den Austausch gegen ein feineres Sägeblatt mit mehr Zähnen für glattere Schnitte nach.

Falls Sie Erfahrung mit der Kreissäge haben, können Sie eine gerade Schnittlinie freihändig und ohne die Hilfe einer Führung sägen. Dennoch kann es nützlich sein, auf eine Messlatte zurückzugreifen, um zuverlässig gerade und genau rechtwinklige Schnitte zu erzielen. Ein Winkelmesser ist eine gute Führung, wie in dem Bild oben links gezeigt. Richten Sie das Sägeblatt einfach an der Kante des Werkstücks neben der Schnittlinie aus, schieben Sie dann den Winkelmesser fest gegen die Unterseite der Säge und achten Sie darauf, dass die Kante des Winkelmessers eng an der des Werkstücks anliegt. Nun können Sie den Schnitt ausführen; dabei die Säge während des gesamten Schnitts an der Kante des Winkelmessers halten.

KAPP- UND GEHRUNGSSÄGE

Das wohl schnellste und genaueste Werkzeug zum Zuschnitt von Werkstücken ist die Kapp- und Gehrungssäge. Größere Exemplare können den Geldbeutel schwer belasten, aber glücklicherweise kommen Sie bei den meisten Ihrer Projekte mit den kleinsten Kapp- und Gehrungssägen aus (einige davon akkubetrieben). Außerdem finden Sie in Zukunft sicherlich noch weitere Verwendungsmöglichkeiten. Sehen Sie sie als eine Investition in Ihre Heimwerker-Werkzeugpalette.

Kapp- und Gehrungssägen haben abgesehen vom Bedienkomfort noch weitere Vorteile. Erstens hilft der lange Anschlag bei der Ausrichtung des Werkstücks für einen rechtwinkligen Schnitt. Es ist wichtig, darauf zu achten, dass das Werkstück bei angehobenem Sägeblatt an jeder Seite Kontakt mit dem Anschlag hat, sonst wird der Schnitt nicht rechtwinklig. Ein weiterer Vorteil der Kapp- und Gehrungssäge ist die Geschwindigkeit. Sie können die Teile schneller und leichter zuschneiden als mit einer Hand- oder Kreissäge. Bei Projekten mit vielen Einzelteilen können Sie in den „Fließbandmodus“ übergehen und vor dem Zusammenbau einfach mehrere Teile auf einmal zuschneiden.

Sollen abgewinkelte Schnitte durchgeführt werden, ist die Kapp- und Gehrungssäge ebenso unübertroffen. Alles, was Sie machen müssen, ist die Führung der Säge und den Tisch in den richtigen Winkel zu schwenken und den Schnitt auszuführen, als wäre er rechtwinklig. (Lesen Sie in der Gebrauchsanweisung Ihrer Säge die korrekte Vorgehensweise nach.) Bei einigen professionelleren Ausführungen kann das Sägeblatt auch im Verhältnis zum Tisch geneigt werden, wodurch kombinierte Winkelschnitte möglich werden. Diese Funktion wird für die Möbel in diesem Buch nicht benötigt.

> **TIPP**
> Es gehört zur handwerklichen Sorgfaltspflicht, zu überprüfen, ob die Enden Ihres Bretts rechtwinklig sind, bevor Sie Ihre Werkstücke anzeichnen. Verlassen Sie sich niemals darauf, dass die Enden von Brettern, die Sie gekauft haben, rechtwinklig sind, sondern führen Sie immer einen frischen Schnitt im rechten Winkel nahe dem Ende aus. Führen Sie all Ihre Messungen von diesem Schnitt aus durch.

BOHREN UND SCHRAUBEN

1 Schraubaufsatz
2 Kegelsenker
3 Spiralbohrer
4 Flachfräsbohrer

Flachfräsbohrer und Standard-Spiralbohrer sind praktische Begleiter in Ihrem Werkzeugkasten. Auch eine Auswahl an Schrauber-Bits sollten Sie zur Hand haben.

Löcher in Holz zu bohren scheint auf den ersten Blick einfach. Es gibt allerdings einige Tipps und Techniken, die Sie beachten sollten, um professionelle Ergebnisse zu erhalten.

SPIRALBOHRER

Für die Projekte in diesem Buch wird nur ein Basis-Set an Spiralbohrern benötigt. Das sind die Standard-Bohrer, die Sie im Baumarkt finden. Kaufen Sie einen Satz mit 8–12 Bits. Dieser kleine Satz genügt für die Löcher, die Sie für Ihre Projekte benötigen.
Ein Problem, das beim Bohren von Holz auftreten kann, ist das Ausreißen oder Absplittern auf der Werkstückrückseite, wenn der Bohrer aus dem Holz austritt. Arbeiten Sie mit einem Standard-Spiralbohrer langsam und behutsam, wenn sich der Bohrer der anderen Seite des Holzes nähert, um ein Ausreißen zu verhindern. Alternativ dazu können Sie dort, wo die Schraube an der Rückseite herauskommen soll, ein Stück Holz an die Rückseite klemmen. Das schützt die Holzfasern, um ein sauberes Loch mit geraden Rändern zu erhalten.

Verwenden Sie einen Spiralbohrer, um das Loch für ein Schraubengewinde vorzubohren.

Flachfräsbohrer bohren sich schnell durch das Holz und erzeugen größere Löcher als gewöhnliche Spiralbohrer.

Für ein sauberes Loch mit minimal ausgerissenen Fasern bohren Sie mit dem Flachfräsbohrer von beiden Seiten in das Werkstück.

FLACHFRÄSBOHRER

Eine weitere Bohrerart in Ihrem Werkzeugkasten sollten Flachfräsbohrer sein. Diese kostengünstigen Aufsätze bohren schnell größere Löcher. Ein Bohrersatz in Größen von 6,5 mm bis 38 mm wäre hier eine vielseitige Auswahl für die meisten Belange.

Mit einem Trick können Sie das Ausreißen durch Flachfräsbohrer minimieren: Hören Sie mit dem Bohren auf, sobald Sie sehen, wie die Spitze des Bohrers auf der anderen Seite herauskommt. Dann bohren Sie von der anderen Seite hinein und nutzen das kleine Loch als Führung, um den Bohrer mittig zu halten.

Durch das Vorbohren von Schraubenlöchern vermeiden Sie Splittern und erhalten ein saubereres Ergebnis.

SCHRAUBEN

Beim Zusammenbau der meisten Projekte in diesem Buch werden Senkkopfschrauben für Holz verwendet – und zwar eine ganze Menge davon. Ein tragbarer kabel- oder akkubetriebener Schrauber ist dabei Ihr Freund. Abgesehen vom Eindrehen von Schrauben sind auch einige Löcher zu bohren, weshalb es gut ist, eine Auswahl an Bohraufsätzen zu haben.

Nachdem diese Möbelstücke draußen verwendet werden, halten Sie Ausschau nach Schrauben, die für den Außenbereich gedacht sind. Die meisten sind beschichtet, um Rost vorzubeugen.

TIPP

Mit was für einem Bohrer Sie Ihr Holz auch bearbeiten, nehmen Sie sich Zeit und lassen Sie den Bohraufsatz die Arbeit verrichten. Ein scharfer Bohrer sollte leicht und sauber in das Holz fahren, ohne dass Sie Druck ausüben müssen. Bei tieferen Löchern kann das Sägemehl im Loch zusammengepresst werden und so den Bohrer stoppen. Ziehen Sie ihn während des Bohrens regelmäßig aus dem Loch, um Staub und Splitter zu entfernen.

Wie Sie bestimmt wissen, gibt es Schrauben in Dutzenden Größen und Formen. Sie werden zuerst anhand ihres Durchmessers geordnet. 4 mm ist der Durchmesser, den Sie für die folgenden Projekte am häufigsten benutzen werden. Nach der Bestimmung des Durchmessers folgt die Schraubenlänge, die von den jeweiligen Befestigungsanforderungen abhängt. Gängige Längen, die hier verwendet werden, sind 30 mm, 40 mm, 50 mm und 60 mm. Auf Schraubenpackungen wird der Durchmesser gefolgt von der Länge angegeben, z. B. 4 x 30 mm.

Schrauben, die für Holzarbeiten gedacht sind, verfügen über selbstschneidende Spitzen, die das Vorbohren eines Führungslochs theoretisch überflüssig machen. Wenn Sie jedoch eine Schraube nah am Ende eines Weichholzbretts (wie etwa Kiefer) eindrehen, kann die spitz zulaufende Schraube das Holz spalten. Um das zu vermeiden, verwenden Sie einen Kegelsenker aus dem Baumarkt oder Eisenwarenhandel, um ein Loch vorzubohren. Er besteht aus einem Bohrer in einem größeren Stahlaufsatz, der das spitz zulaufende Loch für den Schraubenkopf formt.

Beim Verschrauben von zwei Teilen „bockt“ das Gewinde der Schraube manchmal und hebt das obere Teil an, sobald die Schraube das untere Teil berührt. Wird dies zum Problem, arbeiten Sie dem Kegelsenker mit einem Standard-Bohrer im Durchmesser des Gewindes oder etwas größer nach. Bohren Sie nur in das obere Brett. Dies erlaubt dem Gewinde, durch das Werkstück zu rutschen, ohne zu greifen, während der Schraubenkopf die Verbindung festzieht. Es ist ratsam, dies an Holzresten auszuprobieren, um zu sehen, ob dieser Arbeitsschritt überhaupt notwendig ist.

Viele Schraubenhersteller legen einen Bit bei, der zur Schraube und in Ihre Bohrmaschine oder Ihren Schrauber passt. Ich finde es leichter, längere Schraubaufsätze zu verwenden. Stellen Sie jedenfalls sicher, dass die Bits die richtige Größe für den Schraubenkopf aufweisen. Wenn Sie mit einer Bohrmaschine arbeiten, passiert es leicht, dass die Schraube durchdreht, was Splittern verursachen kann. Arbeiten Sie stattdessen behutsam, ziehen Sie die Verbindung genau passend fest und belassen Sie es dabei.

Holzschrauben verfügen über eine selbstschneidende Spitze und ein grobes Gewinde, um Weichhölzer sicher zu verbinden.

Von links nach rechts: eine typische Holzschraube für den Außenbereich; ein Torx-Bit passend zum Schraubenkopf; ein Standard-Spiralbohrer zum Vorbohren eines Führungslochs für die Schraube; ein Kegelsenker.

TIPP

Bei einigen Zusammenbauarbeiten kann es schwierig sein, Schraube und Schrauber so über der Schraube zu halten, dass Sie schrauben können. Haben Sie keinen kleineren Akkuschrauber, kann ein kurzer altmodischer Schraubenzieher Abhilfe schaffen.

SCHLEIFEN

Um einen Holzrest gewickeltes Schleifpapier ergibt einen praktischen Schleifklotz zum Glätten der Kanten und Oberflächen Ihres Werks.

Ist das Möbelstück zusammengebaut, gibt es nur noch einen wichtigen Arbeitsschritt, bevor Sie fertig sind. Holzbearbeitung erfordert immer ein gewisses Maß an Schleifarbeiten, um Splitter zu entfernen, Oberflächen zu glätten und scharfe Kanten abzurunden. Dafür brauchen Sie nichts weiter als Schleifpapier und ein Stück Holz. Wickeln Sie das Schleifpapier um den Holzklotz, um eine glatte Oberfläche zum Schleifen zu erhalten. Glätten Sie dann die Oberflächen und scharfen Kanten.

Um die Arbeit schneller zu erledigen, können Sie einen kabel- oder akkubetriebenen Exzenterschleifer verwenden. So ist das Schleifen weniger mühsam und erfordert weniger Muskelkraft als von Hand.

Wenn Sie Schleifpapier kaufen, suchen Sie eine Körnung von 100 bis 120. Diese Körnung ist vor allem bei Weichhölzern effektiv und führt zu einer glatten Oberfläche.

HOLZ UND LACKE

Weichhölzer sind im Baumarkt am häufigsten zu finden.

Die Projekte in diesem Buch wurden so entworfen, dass sie mit Holz aus dem Baumarkt gebaut werden können. Manchmal kann dies Ihre Holzauswahl einschränken. Fichte, Kiefer und Tanne sind Arten, die als Bauholz verwendet werden. Sie finden aus diesen Hölzern verschiedenste Bretter für Ihre Projekte. Gibt es dort, wo Sie einkaufen, auch andere Holzarten, etwa Harthölzer, liegt die Wahl ganz bei Ihnen – und Ihrem Geldbeutel.

Nachdem Sie in den Bau Ihres Outdoor-Projekts einige Mühe gesteckt haben, gibt es noch ein paar Vorkehrungen zu ergreifen, damit es anhaltend gut aussieht. Wenn Sie direkte Sonneneinstrahlung und Feuchtigkeit auf ein Minimum beschränken können, sind Sie schon ganz vorn dabei. Soll ein Werkstück direkt in Erde stehen, können Sie es mit kleinen Pflastersteinen anheben, um für eine gute Luftzirkulation zu sorgen, was die Lebensdauer des Holzes verlängert. Ist das Werkstück tragbar, erwägen Sie, es über die Wintermonate mit einer wasserdichten Plane abzudecken und in einem Schuppen, unter einem Vordach oder in einer Garage aufzubewahren, um es trocken zu halten. Fallen bei Ihnen im Herbst viele Blätter und häufen sich auf dem Holz auf, so staut sich darunter Feuchtigkeit, was zu Fleckenbildung, Schimmel und Fäulnis beiträgt.

Bevor Sie mit Ihrem Projekt beginnen, überlegen Sie, ob Sie Beize oder Lack auftragen möchten, um das Möbelstück vor den Elementen zu schützen. Ein Schutzlack für den Außenbereich ist so konzipiert, dass er gegen Feuchtigkeit und schädliche UV-Strahlung der Sonne schützt. Bloßes Holz, das der Witterung ausgesetzt ist, verfällt ohne den Auftrag einer hochwertigen Oberflächenbehandlung schneller. Die Auswahl variiert abhängig von gewünschtem Aussehen, Einfachheit des Auftrags und der Instandhaltung. Erstes und wohl beliebtestes Mittel für Outdoor-Projekte ist Beize.

EINE ANMERKUNG ZU HOLZMASSEN

Wenn Holz im Sägewerk verarbeitet wird, schneidet das Werk die Baumstämme zu grob bemessenen Brettern. Ein Brett mit der Maßgabe 50 x 100 mm wird den tatsächlichen Proportionen nahekommen. Das Holz wandert dann weiter in einen Darrofen, wo ein Großteil der Feuchtigkeit verdunstet. Ist das Holz bis zu einem dem Industriestandard entsprechenden Feuchtigkeitsgehalt getrocknet, wird es auf die Endgröße zugeschnitten, bevor es Ihrem örtlichen Händler geliefert wird. Das Brett mit den Maßen 50 x 100 mm wird dann beispielsweise auf eine tatsächliche Größe von 38 x 90 mm zugeschnitten. Passen Sie auf, da die meisten Händler ihre Produkte dennoch unter ihrer Nominalgröße anbieten. Ein 50 x 100 mm-Brett misst dann tatsächlich 38 x 90 mm. Für die Projekte in diesem Buch beschreiben und verwenden wir in der Materialliste und in den Anleitungen die tatsächlichen Holzmaße. Unten finden Sie eine Tabelle, die Sie beim Holzkauf verwenden können, um zu verstehen, was Sie brauchen und was Sie zu kaufen bekommen.

HOLZMASSE

TATSÄCHLICHES MASS	NOMINALMASS
19 x 38 mm	25 x 50 mm
19 x 63 mm	25 x 75 mm
19 x 90 mm	25 x 100 mm
19 x 140 mm	25 x 150 mm
38 x 38 mm	50 x 50 mm
38 x 63 mm	50 x 75 mm
38 x 90 mm	50 x 100 mm
38 x 140 mm	50 x 150 mm
90 x 90 mm	100 x 100 mm

Beize für den Außenbereich verleiht Ihrem Projekt Schutz und etwas Tönung.

Hochwertiger Lack für den Außenbereich bringt Farbe ins Spiel.

BEIZE

Eine Option für die Schlussbehandlung ist eine Beize für den Außenbereich, wie Sie sie auf der Terrasse oder Veranda verwenden würden. Beize gibt es sowohl in verschiedensten Farben als auch durchsichtig. Die Farben in der Lasur sind etwas transparent und nicht so deckend wie Farblack.

Beize lässt sich leicht mit einem Pinsel oder einer kleinen Farbrolle auftragen. Die Farbe zieht in die Holzfasern ein und bietet so einen zusätzlichen Schutz gegen Sonnenlicht und Feuchtigkeit. Da Beize keinen ausgehärteten Farbfilm bildet, wie Lack es tut, können Sie sie ganz einfach erneuern, indem Sie alle ein bis zwei Jahre neu streichen, je nach den Empfehlungen des Herstellers. Geschieht dies regelmäßig, verlängern Sie das Leben des Holzes.

LACK

Wenn Ihnen an Ihrem Möbelstück etwas Buntes fehlt, bieten Lacke eine riesige Auswahl an Farben. Verwenden Sie Lacke für den Außenbereich, wie bei der Beize. Die Pigmente und Harze, die für den Outdoor-Gebrauch verwendet werden, vermindern ein Ausbleichen bei konstanter direkter Sonneneinstrahlung.

Für das beste Ergebnis und eine lang anhaltende Farbe tragen Sie vor dem Auftragen der Farbschichten eine hochwertige Grundierung für den Außenbereich auf das bloße Holz auf. Die Aufgabe der Grundierung ist es, das Holz zu versiegeln und der Farbe eine Oberfläche zu bieten, die die Haftung unterstützt und ein Abblättern verhindert.

Anders als eine Ölbeize, die in die Holzfasern einzieht, bildet Lack eine Farbschicht. Die Idee dahinter ist, dass ein durchgehender Farbfilm eine Barriere gegen Feuchtigkeit und Sonnenlicht bildet.

Es gibt einige Dinge, die Sie bedenken sollten, bevor Sie den Pinsel hervorholen. Eine Oberflächenbehandlung mit Lack baut auf eine ununterbrochene Schicht, um das Holz zu schützen. Bei Temperatur- und Feuchtigkeitsschwankungen dehnt sich Holz aus und zieht sich wieder zusammen. Irgendwann wird die starre Farbschicht beeinträchtigt und reißt. Dies erlaubt Feuchtigkeit, unter sie zu wandern, was zur Ablösung führt. Damit eine lackierte Oberfläche dauerhaft gut aussieht, ist ein wenig Pflege notwendig.

Eine lackierte Oberfläche kann nicht wie mit Beize erneuert werden. Die einzige Lösung ist, abblätternde Farbe abzukratzen und das Werkstück gründlich zu schleifen, bevor Sie eine neue Farbschicht auftragen. Bevor Sie nun der Mut verlässt, Lack zu verwenden, sollten Sie wissen, dass hochwertiger Lack über Jahre hält, bevor Sie eine neue Schicht auftragen müssen.

Wetterfester oder Bootslack versieht Ihr Projekt mit einem widerstandsfähigen Schutzfilm.

Für ultimativen Schutz gegen Feuchtigkeit streichen Sie jedes Teil Ihres Möbelstücks vor dem Zusammenbau.

BOOTSLACK ODER EPOXIDHARZ

Die letzte Kategorie von Lacken beinhaltet Bootslack und Epoxidharz. Bootslack wurde ursprünglich für die Masten von Segelbooten entwickelt. Wie der Name schon sagt, soll er das in Booten verbaute Holz schützen, weshalb er widerstandsfähig und rauen Umgebungen gewachsen sein muss.

Es gibt viele Arten von Bootslack, und eine Wahl zu treffen kann sich als schwierig herausstellen. Verlassen Sie sich für Empfehlungen auf die Expertise eines Farbengeschäfts oder Fachhändlers für Segelbedarf. Sie können Ihnen nicht nur dabei helfen, den richtigen Lack zu wählen, sondern Sie auch in Bezug auf das Auftragen beraten, damit Sie das beste Ergebnis erhalten. Recherchieren Sie und stellen Sie viele Fragen, bevor Sie Ihre Entscheidung treffen. Bootslacke können teurer sein und sich schwieriger auftragen lassen als andere Lacke.

Epoxidharz ist eine Zwei-Komponenten-Oberflächenbehandlung, die einen dicken, harten und besonders strapazierfähigen Mantel bildet. Deswegen nutzen es viele Restaurants, um das Holz ihrer Tischplatten zu schützen. Epoxidharz besteht aus einer Harzkomponente und einem Härter, die, wenn sie sehr präzise vermengt werden, chemisch reagieren und die Substanz vollständig aushärten. Die Verwendung von Epoxidharz erfordert einiges an Übung und spezielles Equipment zum Mischen und Auftragen. Es ist außerdem teuer in der Anschaffung. Ich würde die Verwendung nicht empfehlen, wenn Sie keine Erfahrung damit haben. Sollten Sie beschließen, es mit Epoxidharz auf einen Versuch ankommen zu lassen, lassen Sie sich von einem Fachhändler für Bootsbedarf dahingehend beraten, welche Produkte Sie verwenden und wie Sie sie auftragen können.

VORBEARBEITUNG

Ganz gleich, welche Oberflächenbehandlung Sie wählen: Erwägen Sie, Ihre Werkstücke vor dem endgültigen Zusammenbau vorzubearbeiten. Dies ist nicht bei jedem Projekt praktikabel, aber das vorherige Auftragen des Anstrichs sorgt für den besten Schutz, ganz besonders an den Verbindungsstellen, an denen zwei Teile aneinander befestigt sind. Das Ziel ist es, das Eindringen von Wasser in das unbearbeitete Holz bestmöglich zu verhindern. Wasser sickert oft in Nahtstellen ein, wo es dann eingeschlossen ist.

Sie können die meisten Teile zuschneiden und bohren und anschließend den Anstrich auftragen. Dann müssen Sie nur noch das Möbelstück zusammenbauen – Sie müssen sich nicht mehr mit dem Auftragen einer Oberflächenbehandlung auf der Gesamtoberfläche befassen.

Diese Tipps und Tricks werden wesentlich dazu beitragen, dass Sie bei Ihrem Projekt Ergebnisse erzielen, auf die Sie stolz sein können. Los geht's!

Beistelltisch

Ob Sie Gäste bewirten oder einfach im Sonnenschein entspannen, dieser Beistelltisch ist ideal zum Abstellen von Getränken, Büchern oder Snacks. Bauen Sie einen oder mehrere, um Ihren Garten flexibel zu möblieren. Schnell aufgebaut, ist dieser kleine Tisch eine tolle Gelegenheit, grundlegende Holzarbeitstechniken zu üben.

BENÖTIGTES HOLZ

1 Kantholz (38 x 63 x 2440 mm)
1 Brett (19 x 90 x 2440 mm)
1 Latte (19 x 63 x 2440 mm)
1 Kantholz (38 x 38 x 2440 mm)

BENÖTIGTES MATERIAL

16 Schrauben für den Außenbereich (4 x 30 mm)
28 Schrauben für den Außenbereich (4 x 50 mm)

GESAMTABMESSUNGEN

1 424 mm
2 374 mm

HERSTELLUNG DES OBEREN RAHMENS

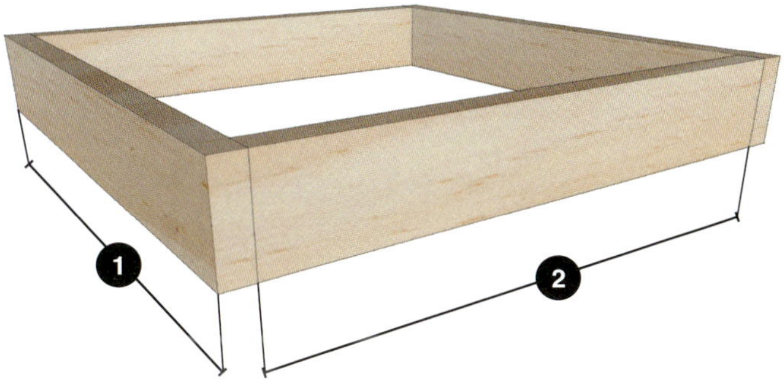

1 424 mm
2 386 mm

1 Der obere Rahmen des Tisches bildet die Basis für den Rest der Konstruktion. Beginnen Sie mit dem Zuschnitt von vier Stücken für den oberen Rahmen aus den Latten (19 x 63 mm). Beachten Sie, dass die Längen der beiden Paare, die den Rahmen ergeben, unterschiedlich sind: Ein Paar ist 38 mm kürzer. So werden die Gesamtabmessungen des fertigen Oberteils quadratisch.

2 Eine Gehrungssäge erledigt das Ablängen schnell, aber Sie können auch eine Kreis- oder Handsäge verwenden. Nach dem Zuschnitt der vier Rahmenteile legen Sie diese beiseite und schneiden die Beine zu. Sie werden aus dem 38 x 63 mm-Kantholz zugeschnitten. Dann können Sie mit dem Bau der Beine beginnen und den oberen Rahmen fertigstellen.

3 Sie bauen zwei Beingestelle, die durch die restlichen Rahmenteile verbunden werden. Beachten Sie, dass der Rahmen 19 mm über die Oberkante der Beine hinausragt. Die Bretter der Tischplatte liegen innen und schließen bündig mit der Oberkante des Rahmens ab.

> **TIPP**
>
> Wenn Sie die Säge schon einmal aufgebaut haben, schneiden Sie gleich auch die vier Einlegebretter für die Tischplatte aus einem Brett mit 19 x 90 mm auf eine Länge von 386 mm zu und legen Sie sie dann beiseite.

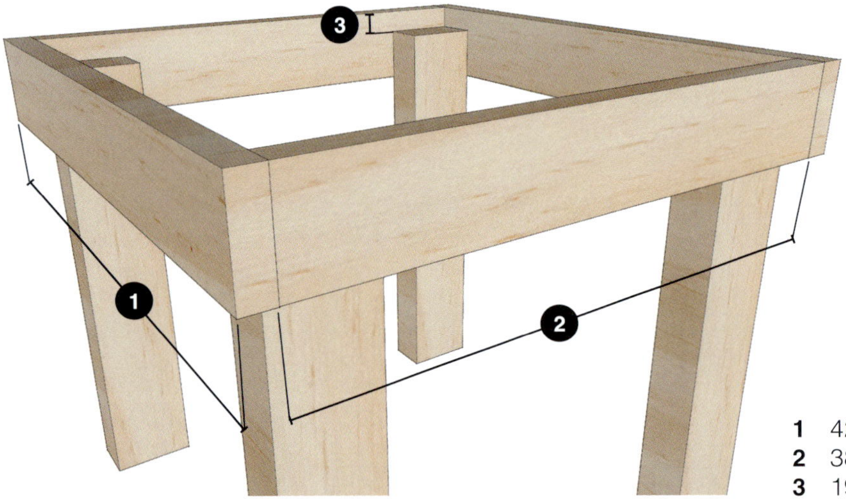

1 424 mm
2 386 mm
3 19 mm

4 Um die richtige Stelle am Rahmen an der Innenseite eines jeden Beins für diesen Überstand zu finden, verwenden Sie ein Maßband und einen Winkelmesser zur Orientierung. Die Stelle entspricht der Breite des Rahmens minus 19 mm. Bei einem 63 mm breiten Rahmenstück befindet sich die Position also 44 mm von der Oberkante des Beins entfernt.

5 Markieren Sie die Position auf jedem Bein mit einer Linie. Nutzen Sie diese Linie als Referenz, um die Unterseite des Rahmens zu finden, wenn Sie ihn an der Innenseite der Beine anbringen. Sie hilft auch, die Position für die Teile des Rahmens zu finden, um den Überstand von 19 mm für die Bretter zu lassen.

6 Vor der Montage des Tischgestells und dem Anbringen der Beine bohre ich gern die Führungslöcher in den vier Rahmenstücken vor. Um einheitliche Abstände für ein professionelles Aussehen zu erhalten, markieren Sie die Stellen für die Schrauben vor dem Bohren am Werkstück. Ein Kombinationswinkel ist dafür ideal, aber Sie können auch ein Maßband oder ein Lineal verwenden. Zum Markieren der Position der Schrauben, mit denen der Rahmen an den Beinen angebracht wird, 10 mm von der Oberkante des Rahmenstücks aus messen und eine Linie anzeichnen. Ein Bleistiftstrich lässt sich hier später leichter abschleifen.

7 Um die Bohrlöcher mit einheitlichem Abstand vom Rand anzubringen, zeichnen Sie 25 mm vom Rand eine Markierung an, die die zuvor gezogene Linie schneidet. Am Kreuzungspunkt müssen Sie für die Schrauben vorbohren.

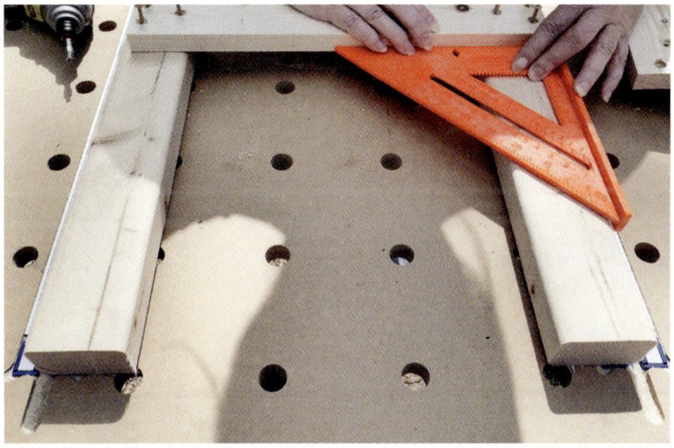

8 Verwenden Sie einen Kegelsenker, gefolgt von einem Spiralbohrer, um Platz für die Schraubengewinde zu schaffen. Die Vorbohrtechnik aus Kapitel 1 (siehe S. 14) hilft, ein Splittern des Holzes beim Anziehen der Schrauben zu verhindern. Da die kürzeren Rahmenstücke an der breiten Seite der Beine befestigt werden, können Sie eine dritte Schraube für zusätzlichen Halt anbringen.

9 Sie können nun ein Beinpaar auflegen und am kürzeren Rahmenstück anbringen. Richten Sie das Rahmenstück mithilfe eines Winkelmessers bündig an der Außenkante aus. Nutzen Sie die Linien, die Sie auf die Beine gezeichnet haben, um das Gestell des Rahmens auszurichten. Dieser sollte 19 mm über die Oberkante des Beins ragen. Befestigen Sie das kürzere Rahmenstück mit 50-mm-Schrauben an den Beinen und achten Sie darauf, dass es im rechten Winkel zu den Beinen liegt.

10 Verbinden Sie die beiden Beinaufbauten mit den längeren Rahmenteilen. Die Außenkanten bleiben dabei bündig. Beachten Sie, dass der Rahmen 19 mm über die Beine hinausragen soll.

11 Sie müssen dem Rahmen noch zwei weitere Teile hinzufügen, bevor Sie ihn aufrichten und mit den Brettern für die Tischplatte versehen können, nämlich die Querstreben, die zwischen die Beine gehören, um die Tischplatte zu halten. Schneiden Sie diese aus dem Kantholz (38 x 38 mm) so zu, dass sie zwischen die Beine passen, und befestigen Sie sie mit 50-mm-Schrauben von innen, wie auf dem Foto gezeigt.

12 Schließlich können Sie den Tisch auf seine vier Beine stellen und die Einlegebretter locker so auflegen, dass die Enden auf den Beinen und den Querstreben zu liegen kommen. Liegen sie an ihrem Platz, sind Sie auf der Zielgeraden zu Ihrem fertigen Tisch.

13 Die letzte Aufgabe besteht darin, die Einlegebretter mit Schrauben zu befestigen. Nehmen Sie sich für ein einheitliches und professionelles Resultat wieder Zeit, um jedes Schraubloch festzulegen und dann zu bohren. Ein Kombinationswinkel ist praktisch, um die Schraubenpositionen an den Enden der Bretter zu markieren. Bringen Sie diese Linie etwa 19 mm vom Brettrand aus an.

14 25 mm vom Rand der Bretter aus markieren, um die Positionen für die Bohrlöcher zu finden. Die Bretter abnehmen und die Löcher wie zuvor vorbohren. Legen Sie dann die Bretter wieder auf und nehmen Sie sich einen Moment Zeit, um sie so anzuordnen, dass die gesamte Tischplatte für Sie stimmig aussieht. Dann können Sie die Schrauben zum Befestigen festziehen.

15 Richten Sie die Bretter für den Tisch mit dem Abstand aus, der Ihren Wünschen entspricht, bevor Sie sie mit den 30-mm-Schrauben befestigen. Nun müssen Sie nur noch entscheiden, wohin Sie Ihren Tisch stellen wollen. Hoffentlich an einen Ort, an dem Sie sich zurücklehnen und mit einem guten Buch, einem großen Getränk und einem köstlichen Snack entspannen können.

Zierbrücke

Dekorativ, aber auch praktisch. Diese Zierbrücke kann ein Bächlein oder auch ein Kiesbeet überbrücken. Sie ist ein gestalterisches Highlight für Ihren Außenbereich und lässt den Rückzugsort Garten größer erscheinen. Der Aufbau dieser Zierbrücke macht eine Menge Spaß – vor allem gemeinsam mit einem Helfer.

BENÖTIGTES HOLZ

3 Kanthölzer (50 x 75 x 2440 mm)
5 Bretter (25 x 100 x 2440 mm)
3 Bretter (25 x 150 x 2440 mm)

BENÖTIGTES MATERIAL

132 Schrauben für Außenbereich (4 x 50 mm)

GESAMTABMESSUNGEN

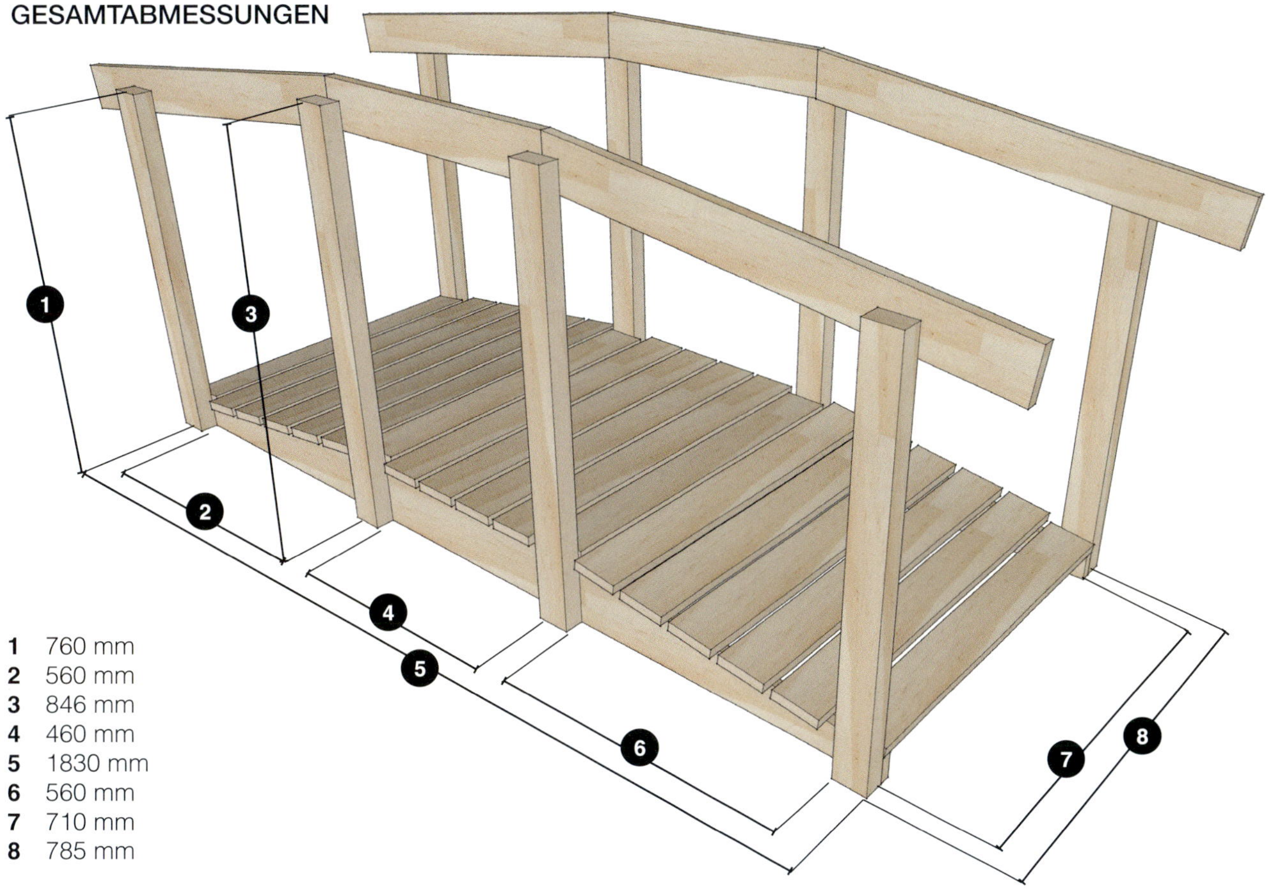

1 760 mm
2 560 mm
3 846 mm
4 460 mm
5 1830 mm
6 560 mm
7 710 mm
8 785 mm

AUFBAU DES UNTERBAUS

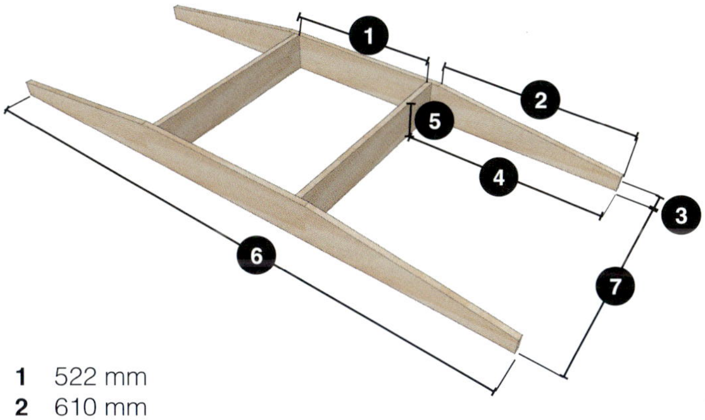

1 522 mm
2 610 mm
3 50 mm
4 641 mm
5 135 mm
6 1830 mm
7 672 mm
Alle Teile werden aus Brettern mit den Maßen 25 x 150 mm hergestellt.

Der Unterbau der Brücke besteht aus zwei sich verjüngenden Seiten und einem Paar innen liegender Querstreben. Die Konstruktion der Brücke beginnt mit der Herstellung dieses Gestells. Die Brücke hat an den Enden Rampen, für deren Neigung Sie die Seiten spitz zulaufen lassen müssen.

1 Verwenden Sie einen Winkelmesser, um die Schnittlinien zum Längenzuschnitt der Einzelteile anzuzeichnen. Sein Anschlag sollte fest an der Kante des Bretts aufliegen, bevor Sie die Linie ziehen. Um den Rampenaufbau für die Brücke zu gestalten, schneiden Sie ein Paar Bretter mit den Maßen 1830 x 25 x 150 mm zu, um die Seiten zu gestalten. Mithilfe des Winkelmessers eine Linie anzeichnen. Bei Verwendung der Säge entsteht eine sägeblattbreite Kerbe, wo überschüssiges Holz entfernt wird. Darum ist es ratsam, die Seite, die zum Holzrest wird, neben dem Strich mit einem X zu markieren. Sägen Sie immer auf der anderen Seite der Linie und nicht in dem Stück, das Sie behalten möchten.

2 Richten Sie die Zähne des Sägeblatts so ein, dass Sie auf der Seite mit dem Holzrest schneiden, und führen Sie den Schnitt aus.

3 Mit den beiden auf 1830 mm zugeschnittenen Seitenteilen für die Brücke gestalten Sie nun die Rampen an jedem Ende. Dafür entlang der Enden 50 mm nach oben hin markieren, was die untere Kante wird. Diese Markierung kennzeichnet ein Ende der Verjüngung für die Brückenfläche. Diese Arbeit an beiden Enden der beiden Brückenseiten vornehmen und dabei darauf achten, dass Sie von derselben Kante aus messen.

4 Messen Sie nun entlang derselben Unterkante und zeichnen Sie 610 mm vom Ende aus eine Markierung an.

5 Verbinden Sie die beiden Markierungen mithilfe einer Messlatte und ziehen Sie eine Linie. Diese Linie bildet die Verjüngung für die Rampenenden der Brücke.

6 Um diese Verjüngungen zuzuschneiden, können Sie mit einer Kreissäge oder einer Handsäge arbeiten. Welche Sie auch wählen, konzentrieren Sie sich darauf, einen geraden Schnitt auf der Holzrestseite der Linie zu sägen. Es ist leichter, den Schnitt vom Brettende aus zu beginnen. Zum Schluss haben Sie zwei Bretter mit je einer Verjüngung an jedem Ende. Diese Brückenseiten bilden die Basis für den Rest Ihres Brückenaufbaus.

7 Verbinden Sie die beiden gebogenen Seitenteile mit den beiden auf 672 mm zugeschnittenen Teilen aus den Brettern mit 25 x 150 mm. 640 mm vom Ende der Brückenseite aus messen und mit einem Strich markieren. Für jedes Ende der beiden Seitenteile wiederholen.

8 Nutzen Sie die Hilfslinien, die Sie im Inneren der Seitenteile gezogen haben, um die beiden Querstreben einzulegen. Dabei darauf achten, dass sie außerhalb der Linie liegen.

9 Die innen liegenden Querstreben mit Schrauben (4 x 50 mm) an den Brückenseiten befestigen. Verwenden Sie pro Verbindung 3 Schrauben.

PFOSTEN

Als Nächstes müssen Sie auf jeder Seite des Unterbaus die vier Pfosten anbringen, die das Geländer tragen. Sie bestehen aus Kantholz mit den Maßen 50 x 75 mm. Sie benötigen vier Stück mit einer Länge von 760 mm und vier zu je 846 mm.

Die vier Pfosten in der Mitte der Brücke sind länger, damit das Geländer die gleiche Neigung wie der Unterbau erhält. Nach dem Zuschnitt müssen sie außen an den Brückenseiten angebracht werden.

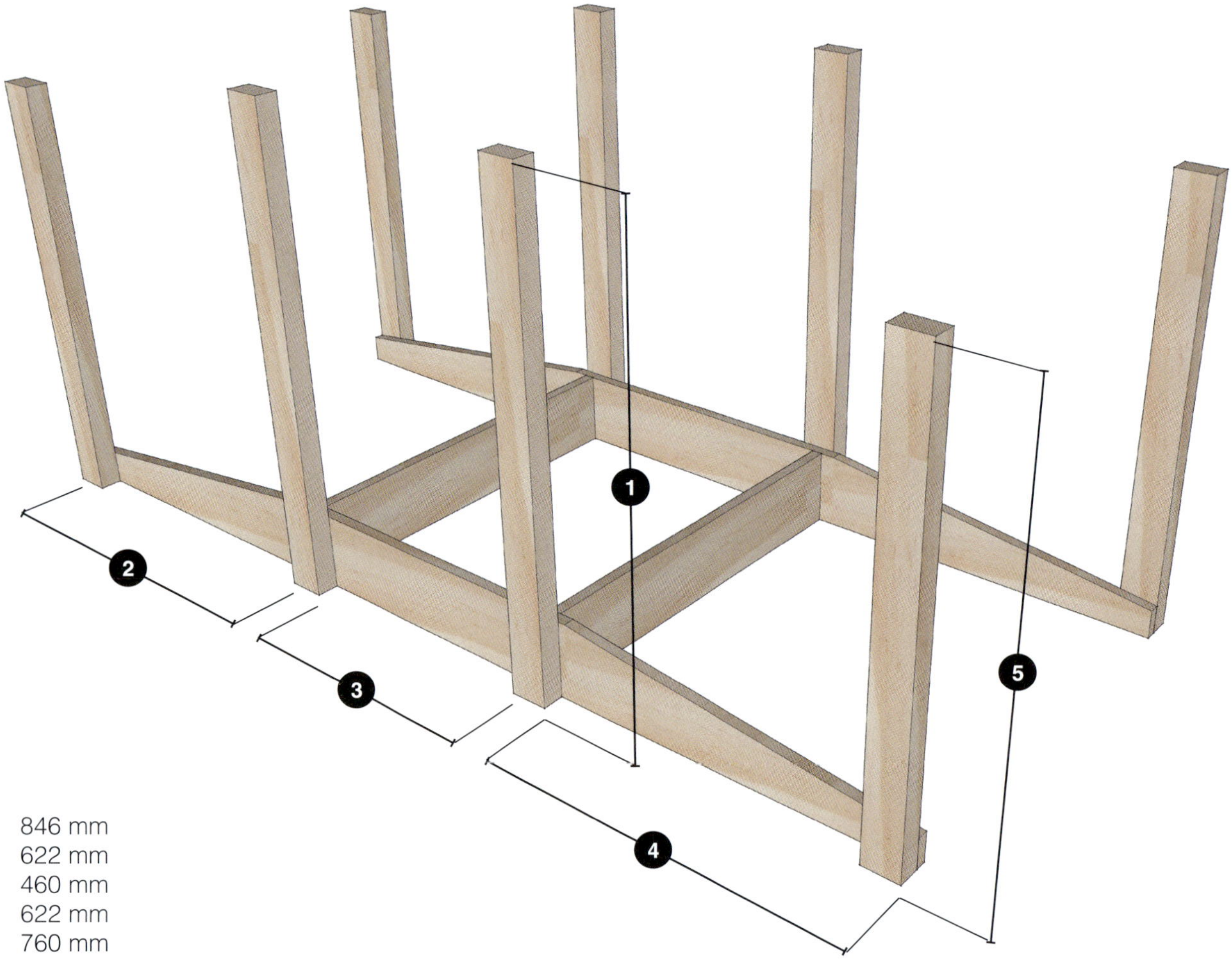

1 846 mm
2 622 mm
3 460 mm
4 622 mm
5 760 mm

10 Montieren Sie die 760 mm langen Pfosten mit 50-mm-Schrauben von innen an den Seiten, sodass die Enden und Unterkanten bündig sind. Verwenden Sie 3 oder 4 Schrauben je Verbindung. Nutzen Sie beim Einschrauben einen Winkelmesser als Hilfsmittel zum Ausrichten. Vergewissern Sie sich, dass der Anschlag des Winkeldreiecks fest an der Unterkante der Seite aufliegt.

11 Um die längeren Mittelpfosten zu positionieren, messen Sie 560 mm von der Innenkante der Endpfosten und zeichnen Sie eine Linie im rechten Winkel an. Nutzen Sie diese als Hilfslinie, um den Pfosten im rechten Winkel zum Unterbau zu halten, während Sie die Schrauben von innen einschrauben. Die mittleren Pfosten sollten die Schrauben am Unterbau der Brücke verdecken.

BRÜCKENBELAG

12 Es gibt 18 Bodenbretter, die den Belag der Brücke bilden sollen. Schneiden Sie die Bretter mit den Maßen 25 x 100 mm zu. Passen Sie die vier Bretter zwischen den Pfosten ein. Schneiden Sie die restlichen Bretter so zu, dass sie den Unterbau an jedem ihrer Enden um 25 mm überragen. Es ist ratsam, alle Bretter erst zuzuschneiden und lose an ihre ungefähre Position zu legen, bevor sie befestigt werden. Platzieren Sie sie nach Augenmaß in gleichmäßigen und optisch ansprechenden Abständen.

13 Auf jedem Rampenteil sowie im geraden Mittelbereich sollten je sechs Bretter liegen.

TIPP

Bevor Sie die Bretter zuschneiden und befestigen, überprüfen Sie, ob der Unterbau und die inneren Querstreben rechtwinklig ausgerichtet sind.

14 Verwenden Sie zwei Schrauben an jedem Ende der Bretter, um diese an den Seiten der Brücke zu befestigen. Die Bretter an den Enden der Brücke sollten bündig mit den Enden der Seitenteile abschließen, weshalb hier ein guter Startpunkt zum Festschrauben ist. Die beiden obersten Bretter auf den Rampen sollten nahe am Anfang der Schräge zu liegen kommen. Sollte das Holz an einer Stelle splittern, verwenden Sie einen Kegelsenker, um die Löcher vorzubohren und dann die Schrauben einzudrehen, bis sie fest sitzen.

GELÄNDER

Das Geländer verbindet die Pfosten an jeder Seite miteinander und wird aus Brettern mit den Maßen 25 x 100 mm gefertigt.

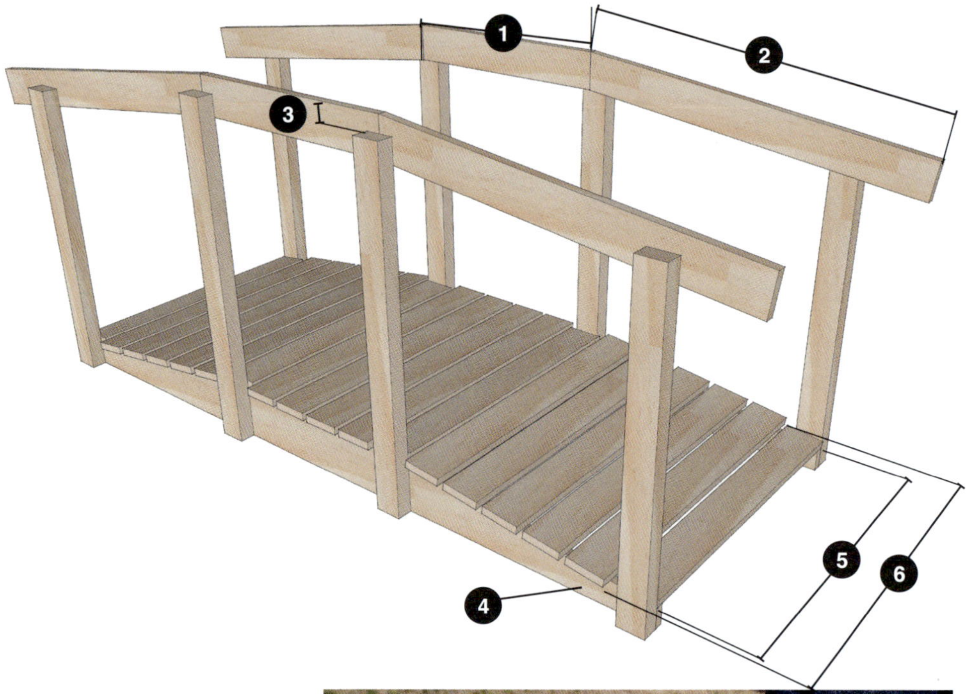

1 522 mm
2 827 mm
3 50 mm
4 25 mm Überstand
5 710 mm
6 760 mm

15 Beginnen Sie mit dem Längenzuschnitt der beiden Mittelteile. Sie ermitteln diese Maße, indem Sie zwischen den Mitten der beiden längeren Pfosten messen. Um das Geländer zu montieren, suchen Sie sich vielleicht jemanden, der Ihnen eine helfende Hand leiht und die Einzelteile während des Anschraubens festhält. Der Mittelteil des Geländers sollte etwa 50 mm über die Pfosten herausragen. Mit 50-mm-Schrauben befestigen.

16 Das Anbringen der restlichen Geländerteile kann ein bisschen Hilfe erfordern, da Sie die Linien für die schrägen Schnitte markieren müssen, damit sie sich nahtlos an die Mittelteile anfügen können. Beginnen Sie, indem Sie vier Bretter (25 x 100 mm) auf 915 mm ablängen. Halten Sie das Teil mit der Assistenz helfender Hände am einen Ende so, dass es das Geländer in der Mitte überlappt, die Oberkante jedoch bündig damit liegt. Das andere Ende sollte 50 mm über dem Ende des Pfostens hervorstehen. Mit einem Bleistift den am mittleren Geländerteil abgeglichenen Schnittwinkel nachziehen. Das Brett in diesem Winkel mit einer Handsäge zuschneiden und dann am Pfosten montieren. Diesen Vorgang mit den drei anderen Geländerteilen wiederholen.

17 Orientieren Sie sich am Ende des mittleren Geländers und zeichnen Sie eine Linie am Endstück des Geländers an. So markieren Sie den Winkel für eine lückenlose Verbindung.

18 Mit der Handsäge das Ende des Geländers schräg zuschneiden.

19 Befestigen Sie die verbleibenden Geländerstücke mit 50 mm Überstand an der Innenseite der Pfosten. Mit Schleifpapier in Körnung 100 oder 120 alle rauen Kanten und Ecken abschleifen, insbesondere an der Oberseite des Handlaufs.

20 Nun, da die Zierbrücke fertig ist, müssen Sie sich nur noch überlegen, wo in Ihrem Garten sie ihren Ehrenplatz erhalten soll. Damit die Luft unter der Brücke zirkulieren kann und um Feuchtigkeitsschäden zu vermeiden, stellen Sie sie zum Anheben auf Betonpflastersteine oder Kies; achten Sie dabei darauf, dass sie gerade steht. Machen Sie diese Gartenbrücke zum zentralen Punkt in Ihrem Garten oder zu einer versteckten Überraschung hinter großen Pflanzen. Ganz bestimmt ist sie Anlass zum Gespräch – und drauf und dran, der Eyecatcher in Ihrer Gartenplanung zu werden.

Vogelhäuschen mit Ständer

Vögel in Ihren Garten zu locken ist eine großartige Möglichkeit, für kostenlose Unterhaltung zu sorgen. Wenn Sie gern Vögel fotografieren, erleichtert Ihnen dieses Projekt, tolle Fotos zu bekommen. Mit einer Vielzahl an Möglichkeiten zum Aufhängen verschiedener Futterspender und Vogelhäuschen wird Ihr Garten zu einem willkommenen Rückzugsort für zahlreiche Vogelarten. Dieser Vogelfutterständer und das Vogelhaus lassen sich in wenigen Stunden zusammenbauen.

BENÖTIGTES HOLZ

1 Kantholz (90 x 90 x 2440 mm)
4 Bretter (19 x 140 x 2440 mm)
1 Latten (19 x 63 x 2440 mm)
1 Kantholz (38 x 38 x 2440 mm)

BENÖTIGTES MATERIAL

16 Schrauben für den Außenbereich (4 x 40 mm)
20 Schrauben für den Außenbereich (4 x 60 mm)
4 Haken zum Einschrauben

GESAMTABMESSUNGEN

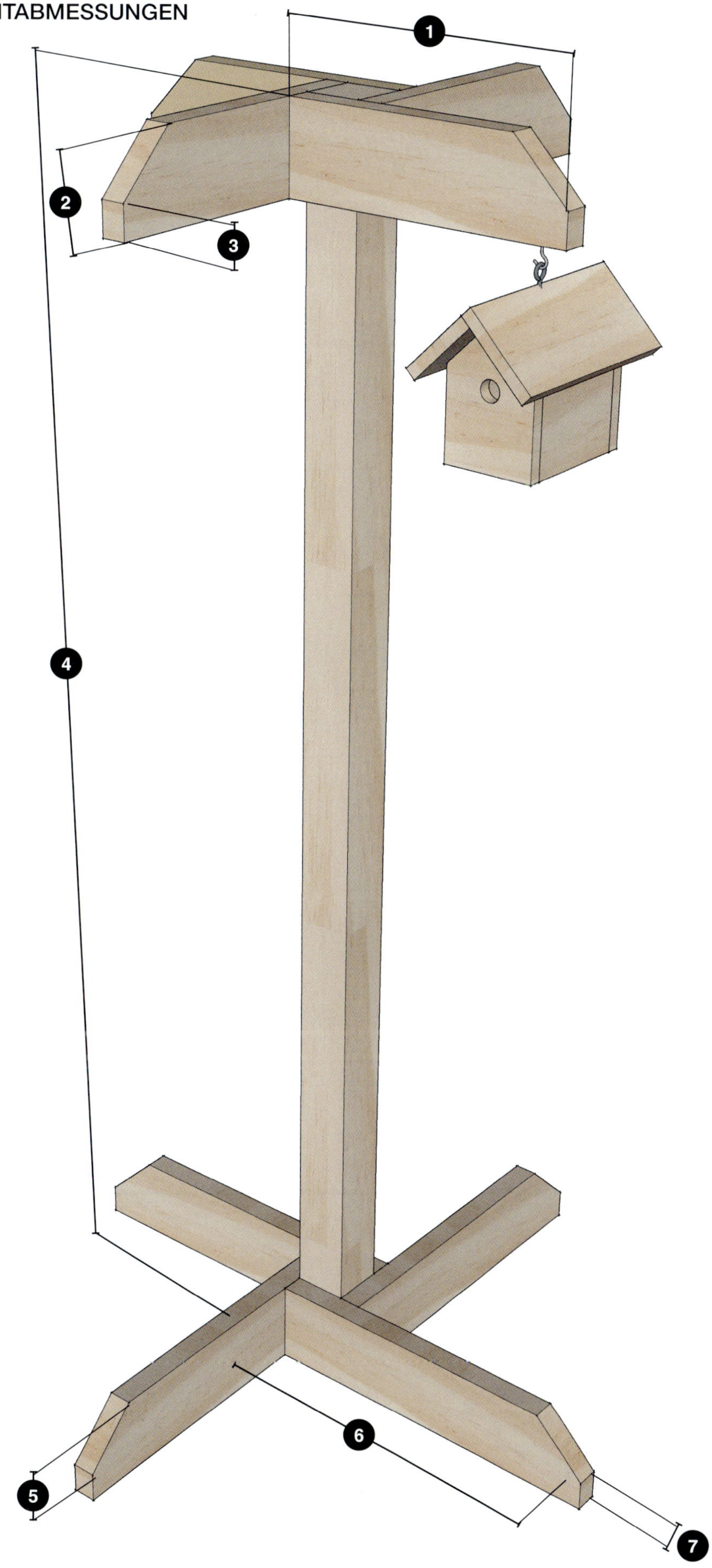

1 455 mm
2 140 mm
3 50 mm
4 2134 mm
5 140 mm
6 605 mm
7 50 mm

AUFBAU DES STÄNDERS

1 Damit Sie die Arme zum Aufhängen von Futterstellen und Häuschen leichter erreichen, schneiden Sie den Pfosten auf die gewünschte Länge zu. Meiner maß zu Beginn 2440 mm, ich habe ihn auf 2135 mm gekürzt. Mit einer Handsäge ist dies schnell erledigt. Haben Sie den Pfosten auf die gewünschte Länge zugeschnitten, sind die vier Füße und Arme dran. Schneiden Sie sie aus den Brettern (19 x 140 mm) zu. Die Füße sind 604 mm lang, die Arme 460 mm.

2 Nun schneiden Sie bei jedem Arm und Fuß eine Ecke im 45°-Winkel ab, wie in der Abbildung auf S. 35 gezeigt. Dies fügt dem Werkstück eine dekorative Note hinzu und mindert die Wahrscheinlichkeit, dass Sie über die Füße stolpern. Bringen Sie an jedem Arm und Fuß eine Markierung an, 50 mm von der Kante entfernt.

3 Ziehen Sie von dieser Markierung ausgehend eine Linie im 45°-Winkel.

4 Die Ecken oder die Arme und Füße abzuwinkeln, geht mit einer Handsäge oder einer Kreissäge ganz einfach. Falls Sie eine Gehrungssäge verwenden, stellen Sie den Schnittwinkel auf 45° ein. Wenn Sie die Ecken der Arme und Füße zuschneiden, vergewissern Sie sich, dass Sie die Ecken an derselben Kante bzw. Oberkante jedes Stücks abschneiden.

5 Mit diesen acht Teilen zur Hand können Sie die Füße am Pfosten befestigen. Verwenden Sie einen Winkelmesser, um sie besser im rechten Winkel zum Pfosten anordnen zu können. Die Füße sollten auch bündig mit dem Ende und der Seite des Pfostens abschließen.

6 Befestigen Sie den Fuß mit einer 60-mm-Schraube am Pfosten. Nehmen Sie letzte Korrekturen in puncto Rechtwinkligkeit vor und bringen Sie eine weitere Schraube an, um ihn zu fixieren. Arbeiten Sie sich rund um den Pfosten, um die restlichen Füße auf die gleiche Weise zu montieren. Wiederholen Sie diesen Vorgang am anderen Ende, um die Arme zu montieren.

7 Die vier Füße bilden eine stabile Basis für den Ständer des Vogelfutterhäuschens. Für mehr Stabilität stellen Sie ihn auf einer flachen, ebenen Fläche auf. Wenn Sie ein paar Verankerungen an den Füßen anbringen, verhindert dies, dass der Ständer bei starkem Wind umkippt. Verwenden Sie Haken oder Ösen zum Einschrauben, um Futterspender und Häuschen an den Ständer zu hängen. Dabei handelt es sich um gängige Eisenwaren, die sich leicht montieren lassen. Manchmal ist es hilfreich, vor dem Anbringen des Hakens ein kleines Loch vorzubohren.

ZUSAMMENBAU DES VOGELHÄUSCHENS

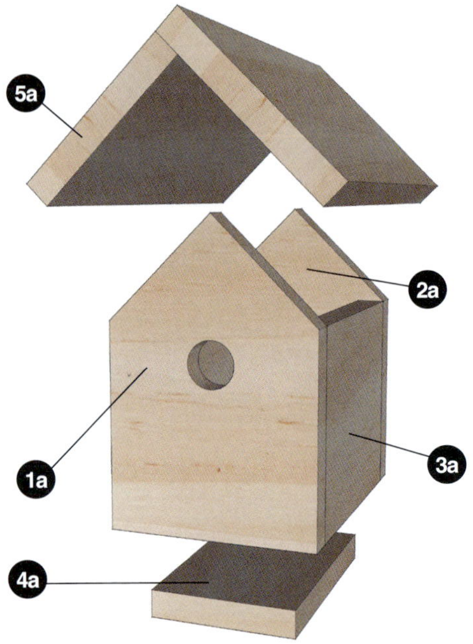

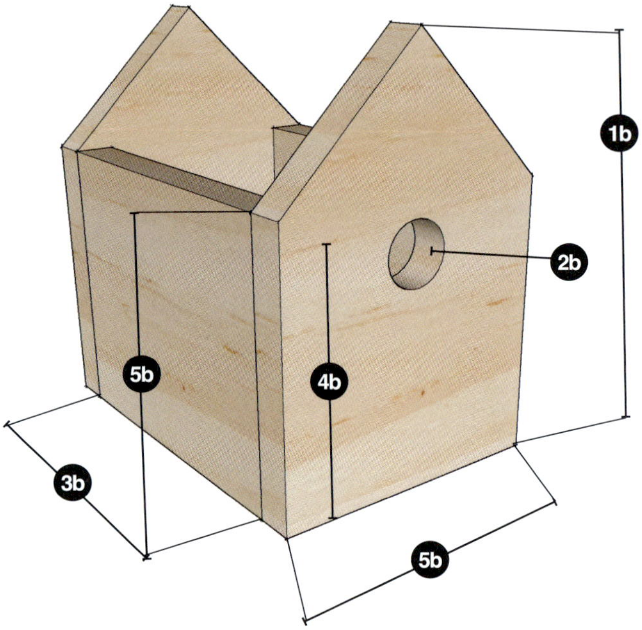

8 Das Vogelhaus gehört zu den Projekten, die sich bequem in ein paar Stunden zusammenbauen lassen. Beginnen Sie mit dem Zuschnitt der Seitenteile, Vorder- und Rückseite sowie der beiden Dachteile aus einem Brett mit den Maßen 19 x 140 mm.

1a	Vorderseite	**1b**	210 mm
2a	Rückseite	**2b**	32 mm im Durchmesser
3a	Seitenteil	**3b**	165 mm
4a	Boden	**4b**	115 mm
5a	Dach	**5b**	140 mm

9 Nach dem Zuschnitt der Einzelteile bilden Sie die Spitze für das Dach und bohren das Eingangsloch für die Vögel. Zeichnen Sie das Dach an, indem Sie an der Vorder- und der Rückseite den Mittelpunkt markieren.

10 Die Spitze des Dachs befindet sich mittig an der Oberkante von Vorder- und Rückseite des Vogelhäuschens. Ziehen Sie mithilfe des Winkelmessers zwei Linien im 45°-Winkel, die im zuvor angezeichneten Mittelpunkt enden. Legen Sie den Zimmermannswinkel so an, dass sein Anschlag fest an der Kante der Vorder- bzw. Rückseite zu liegen kommt. Verschieben Sie ihn so lange, bis die schräge Kante am Mittelpunkt ausgerichtet ist.

11 Drehen Sie den Winkelmesser um und wiederholen Sie den Vorgang auf der gegenüberliegenden Seite; dabei den Tischlerwinkel sicher an der Kante führen.

12 Schneiden Sie die Ecken von Vorder- und Rückseite mit einer Handsäge oder einer Kapp- und Gehrungssäge ab. Bleiben Sie dabei knapp außerhalb der Linien.

13 Die Größe des Eingangslochs an der Vorderseite müssen Sie abhängig davon gestalten, welche Vogelart Sie anlocken möchten. Online finden Sie zahlreiche Tabellen, die Ihnen bei dieser Entscheidung helfen. Ich habe ein Loch von 35 mm gebohrt, um Kleiber anzuziehen. Verwenden Sie einen Flachfräsbohrer, um die Öffnung zu bohren. Nutzen Sie einen Holzrest als Unterlage und halten Sie das Werkstück während des Bohrens gut fest. (ANMERKUNG: Für ein besseres Bild wurde hier der Bohrer gestoppt und die Hand vom Werkstück genommen.)

14 Nun ist es Zeit, das Vogelhäuschen zusammenzubauen. Beginnen Sie dabei mit der Vorder- und der Rückseite sowie mit den Seitenteilen. Die Löcher für die Schrauben vorbohren und die Vorder- und die Rückseite mit 40-mm-Schrauben an den Enden der Seitenteile montieren. Befestigen Sie die Vorder- und Rückseite an einem der Seitenteile und achten Sie darauf, dass die Teile bündig mit der Unterkante abschließen. Dann das Werkstück umdrehen, um die gegenüberliegende Seite anzubringen.

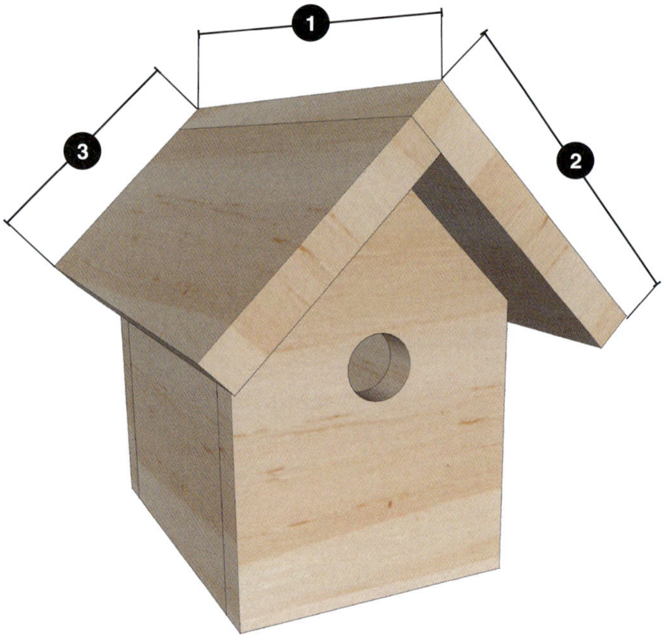

1 305 mm
2 140 mm
3 120 mm

15 Aufgrund der Konstruktionsweise des Dachs müssen Sie 19 mm der langen Kante von einem der Dachstücke entfernen. Dafür können Sie eine Handsäge oder eine Kreissäge verwenden. Denken Sie daran, das Werkstück vor dem Sägen zu fixieren!

16 Montieren Sie als Nächstes die beiden Dachteile und beginnen Sie mit dem schmaleren. Richten Sie eine Kante mit den Spitzen des Dachs vorn und hinten aus. Das Ausmaß des Überhangs vorn und hinten bleibt Ihnen überlassen. Ich habe das Dach bei meinem Vogelhäuschen mittig ausgerichtet. Schrauben Sie das schmalere Dachstück mit 40-mm-Schrauben so fest, dass die Kante in einer Linie mit der Vorder- und der Rückseite liegt.

17 Montieren Sie das breitere Dachstück und achten Sie darauf, dass es bündig mit dem anderen liegt.

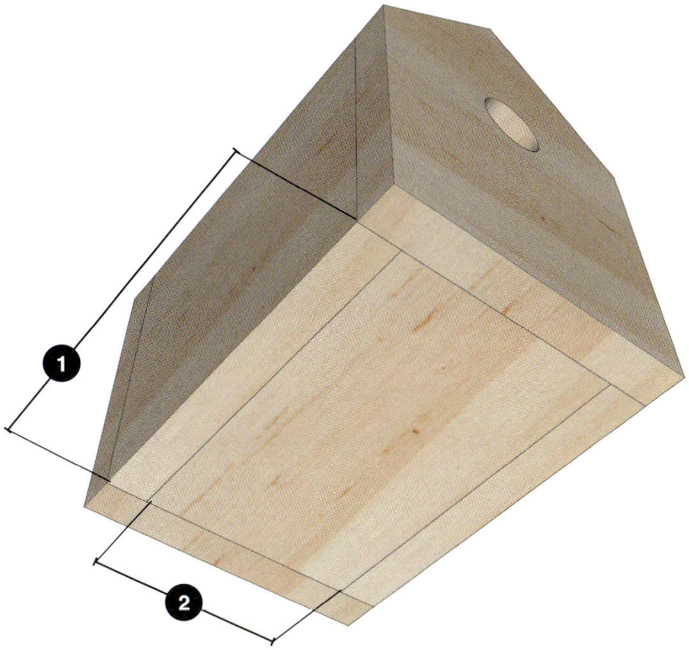

18 Als Letztes müssen Sie noch den Boden anbringen. Messen Sie dafür die untere Öffnung des Vogelhauses aus und schneiden Sie das Holz so zu, dass es locker hineinpasst.

1 165 mm
2 100 mm

19 Montieren Sie den Boden mit vier 40-mm-Schrauben, je zwei an jeder Seite (wie gezeigt). Der locker sitzende Boden sollte dafür sorgen, dass etwaige Feuchtigkeit abfließen kann, die in das Vogelhäuschen gelangt. Sie können den Boden herausnehmen, um die saisonale Reinigung zu erleichtern. Entfernen Sie einfach die beiden vorderen Schrauben, klappen Sie den Boden nach unten und verwenden Sie so die hinteren Schrauben wie die Angeln einer Tür.

20 Verwenden Sie Schraubhaken, um das Vogelhäuschen von einem der Arme des Ständers hängen zu lassen. Möchten Sie, dass es tiefer hängt, befestigen Sie eine kurze Kette daran. Suchen Sie sich nun einen geeigneten Platz in Ihrem Garten für den Ständer mit dem Vogelhaus. Achten Sie darauf, dass er sicher steht; vielleicht müssen Sie Verankerungen kaufen, insbesondere dann, wenn Sie in einer Gegend mit viel Wind leben. Hängen Sie Futter auf, um eine Vielzahl an Vögeln anzulocken, an deren Kapriolen Sie sich erfreuen können.

Gartenbank

Eine Bank, auf der man sich draußen niederlassen kann, ist ein einladender Ort, um mit einem guten Buch zu entspannen, sich mit Gästen zu unterhalten oder einfach den Garten und seine Bewohner zu genießen. Auf dieser Bank können zwei Personen bequem sitzen. Sie besteht zwar aus vielen Einzelteilen, aber Sie können Baugruppen vorbereiten und diese dann zusammenfügen, um die Bank fertigzustellen.

BENÖTIGTES HOLZ

2 Kanthölzer (38 x 90 x 2440 mm)
8 Bretter (19 x 90 x 2440 mm)
3 Latten (19 x 63 x 2440 mm)

BENÖTIGTES MATERIAL

4 Schrauben für Außenbereich (4 x 30 mm)
82 Schrauben für Außenbereich (4 x 50 mm)
8 Schrauben für Außenbereich (4 x 60 mm)
2 Schlossschrauben mit flachen Beilagscheiben und Sechskantmuttern (8 x 90 mm)
2 Schlossschrauben mit flachen Beilagscheiben und Sechskantmuttern (8 x 50 mm)

GESAMTABMESSUNGEN

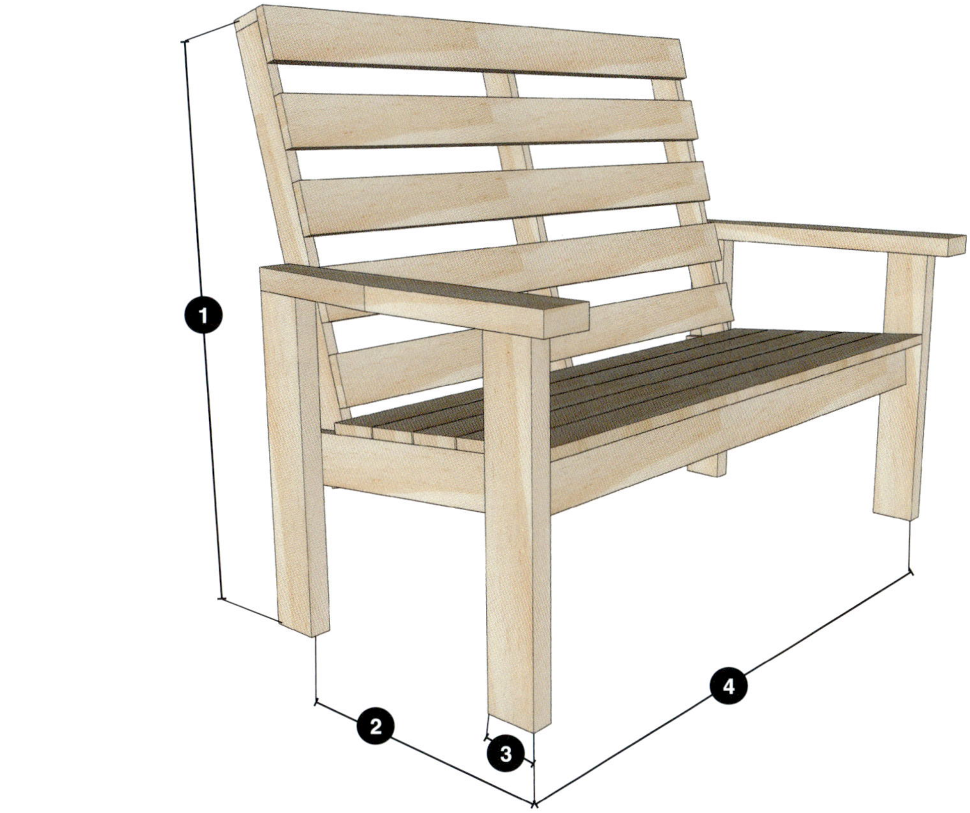

1 1027 mm
2 585 mm
3 90 mm
4 1245 mm

AUFBAU DES GESTELLS

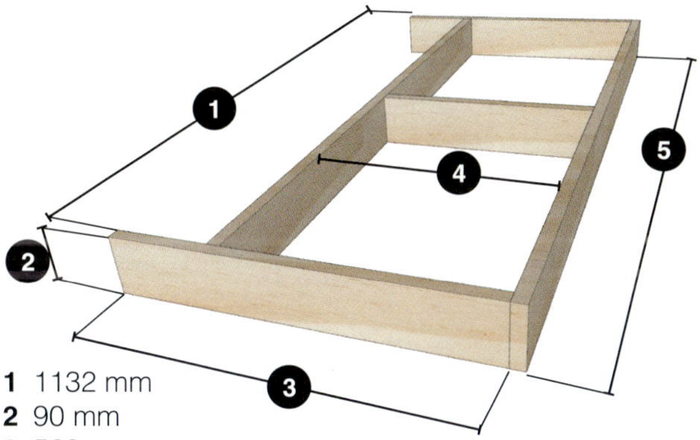

1 1132 mm
2 90 mm
3 529 mm
4 367 mm
5 1170 mm

1 Der Rahmen der Sitzfläche ist die Basis für die Bank, weshalb man am besten hiermit startet. Schneiden Sie die beiden Seiten, Vorder- und Rückseite sowie die mittlere Stützstrebe aus Brettern mit den Maßen 19 x 89 mm zu.

2 Folgen Sie den gezeigten Maßen und montieren Sie den Rahmen mit 50-mm-Schrauben. Messen und markieren Sie die Mitte der Vorder- und Rückseite, um die Position für die mittlere Strebe zu finden. Verwenden Sie für jede Verbindung drei Schrauben, um einen starken Rahmen zu bauen. Überprüfen Sie während der Arbeit immer wieder, ob der Rahmen rechtwinklig ist.

3 Das Zuschneiden der Beine aus dem Kantholz (38 x 90 mm) und das Anbringen am Sitzrahmen ist ganz unkompliziert. Sie müssen aber auf etwas achten: Damit die Bank bequemer wird, wird der Rahmen schräg angebracht. Halten Sie sich an die in der Abbildung gezeigten Maße, um die Beine am Rahmen zu positionieren. Am besten arbeiten Sie hier auf einer geraden Oberfläche. Beginnen Sie mit dem Markieren des Abstands von der Unterkante des Beins bis zum Rahmen und zeichnen Sie mithilfe eines Winkelmessers eine gerade Linie über das Bein. Wenn Sie den Rahmen an den Beinen montieren, sollte die obere Ecke der Rahmenrückseite in einer Linie mit der hinteren Kante des hinten liegenden Beins sein. Auf der Vorderseite soll der Rahmen 32 mm innerhalb der Vorderkante des Vorderbeins liegen.

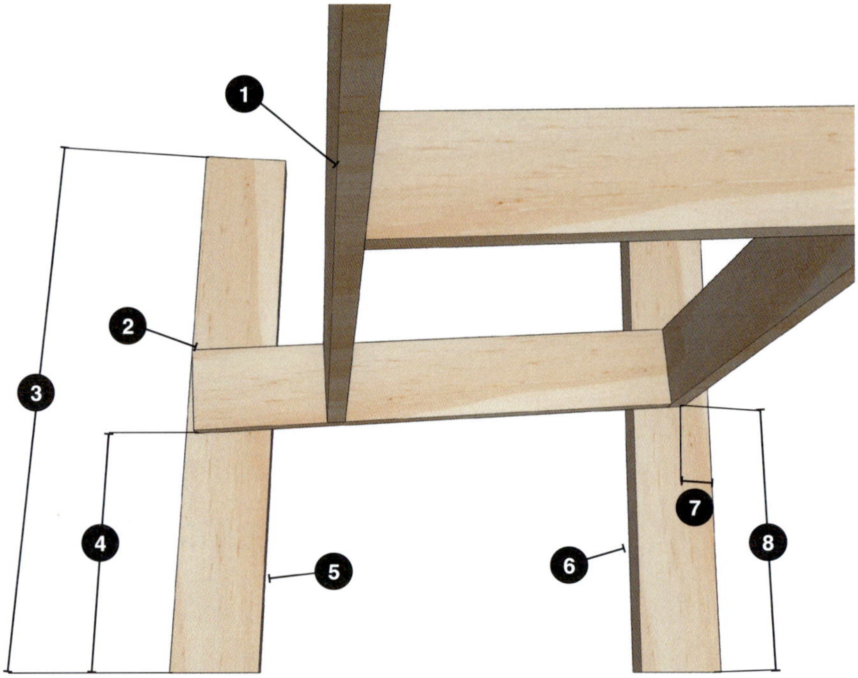

1 Rahmen für die Sitzfläche
2 Rückseite des Rahmens für die Sitzfläche (bündig mit Rückseite des Hinterbeins)
3 579 mm
4 252 mm
5 hinteres Bein
6 vorderes Bein
7 32 mm
8 299 mm

4 Die Oberkante an der Rückseite des Rahmens sollte bündig mit der Rückseite des hinteren Beins sein.

5 Die untere vordere Ecke des Rahmens wird 299 mm über der Unterseite des Beins und 32 mm von der Vorderkante des Beins positioniert. Vergewissern Sie sich, dass die Beine parallel zueinander liegen, und schrauben Sie eine 50-mm-Schraube in jede Verbindung. Mehr Schrauben fügen Sie später hinzu, nachdem Sie letzte Anpassungen vorgenommen haben, damit die Bank gerade auf dem Boden steht.

6 Montieren Sie auf einer geraden Arbeitsfläche mit 50-mm-Schrauben den Rahmen der Sitzfläche an einem Beinpaar. Verwenden Sie immer nur je eine Schraube.

7 Überprüfen Sie mit dem Winkelmesser, dass das Bein nach dem Anbringen am Rahmen gerade ist.

8 Wenn möglich, suchen Sie sich einen Helfer bei der Montage der beiden Beine auf der anderen Seite des Rahmens. Sind alle vier Beine angebracht, stellen Sie den Möbelteil aus Rahmen und Beinen auf eine gerade Fläche und überprüfen Sie, ob alle vier Beine plan aufliegen. Sie können auch noch kontrollieren, ob die Beine parallel zueinander sind, indem Sie die Abstände oben und unten nachmessen.

9 Sind Sie zufrieden mit dem Aufbau, fügen Sie an jeder Bein-Rahmen-Verbindung weitere 50-mm-Schrauben hinzu, um eine starke Konstruktion zu erhalten.

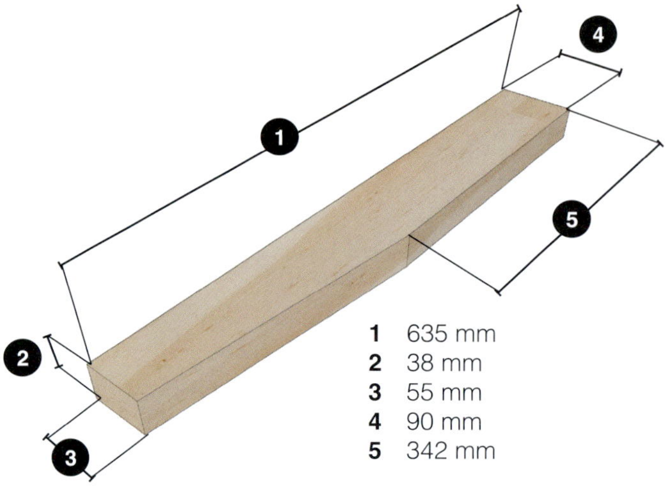

10 Als Nächstes bauen Sie die beiden Armlehnen, montieren sie an den Beinen und bauen den Rahmen für die Rückenlehne. Sie wird am Sitzrahmen und an den Armen befestigt.

11 Die beiden Armstützen werden aus Kantholz (38 x 90 mm) gefertigt. Für ein gefälligeres Bild werden sie nach hinten hin schmaler.

TIPP

Nach dem Längenzuschnitt der Armstützen legen Sie sie auf und schneiden Sie die Abschrägung mit einer Hand- oder Kreissäge zu.

12 Eine Hand- oder Kreissäge erledigt das Schneiden zum Abschrägen der Arme nach dem Längenzuschnitt ganz fix.

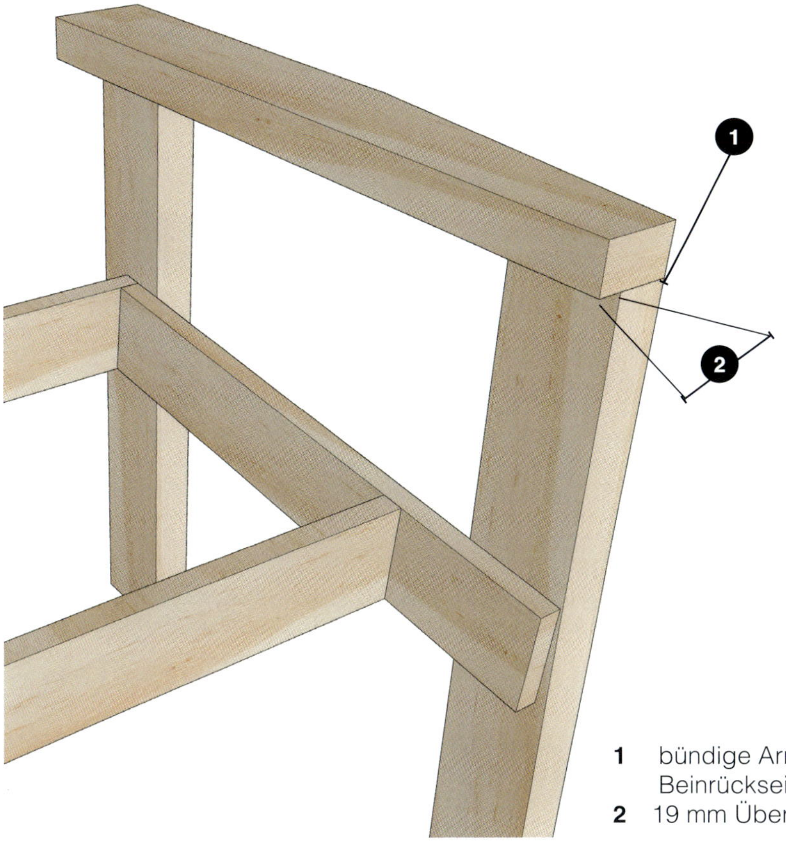

13 Die Armlehnen stehen innen 19 mm über die Beine. So wird die Innenkante der Armstütze parallel zum Ende des Rahmens für die Sitzfläche. Dies sind auch die Verbindungspunkte zum Anbringen des Rahmens für die Rückenlehne. Das hintere Ende eines jeden Arms sollte auf gleicher Höhe mit der Hinterkante der Hinterbeine sein. Verwenden Sie zwei 60-mm-Schrauben am Ende jedes Arms, um sie an den Beinen zu befestigen.

1 bündige Armlehne und Beinrückseite
2 19 mm Überhang

14 Um für mehr Sitzkomfort zu sorgen, ist der Rahmen für die Rückenlehne ebenfalls schräg. Er lässt sich ebenso einfach zusammenbauen wie der Rahmen für die Sitzfläche. Er wird aus Brettern mit den Maßen 19 x 63 mm gefertigt. Schneiden Sie die obere und die untere Traverse, die beiden Seitenteile und die mittlere Stützstrebe zu, wobei die Seitenteile und die Stützstrebe die gleiche Länge aufweisen. Beim Aufbau des Rahmens werden der obere und der untere Balken wie in der Abbildung gezeigt mit den Seitenteilen und der Stützstrebe verbunden.

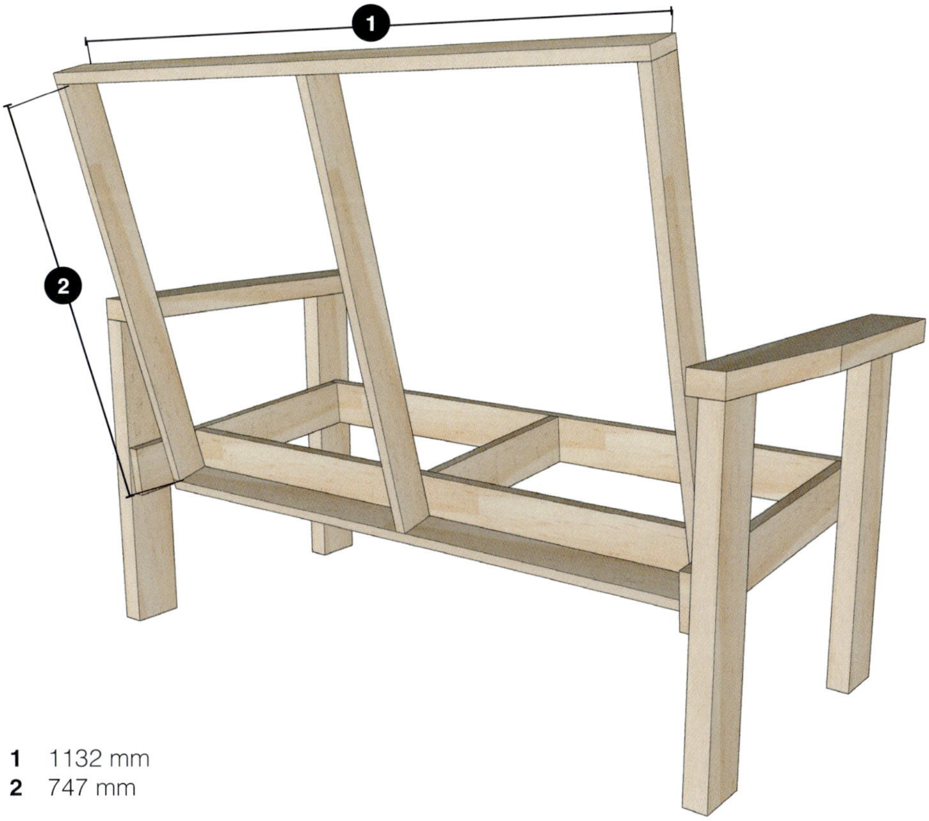

1 1132 mm
2 747 mm

15 Bauen Sie den Rahmen mit je zwei 50-mm-Schrauben pro Verbindung zusammen.

TIPP

Dieses Projekt wird etwas einfacher, wenn Sie Hilfe haben, aber es lässt sich auch allein aufbauen.

16 Für die richtige Positionierung des Rahmens (Details siehe Abbildung) sollten Sie einige Vorgaben im Hinterkopf behalten: Die innere untere Ecke des Rahmens für die Rückenlehne sollte gut und satt an der Unterkante des Sitzflächenrahmens aufliegen. Der Sitzflächenrahmen wird mit Schlossschrauben an den Seiten des Rückenlehnenrahmens verbunden, aber Sie können eine 30-mm-Schraube verwenden, um die Rückenlehne vorübergehend zu fixieren. Der Rahmen für die Rückenlehne wird schräg und ist mit den Armlehnen verbunden. Wieder ist die endgültige Verbindung eine Schlossschraube durch die Armstütze und den Rahmen; verwenden Sie jetzt aber eine Schraube, die den Rahmen fixiert. Die hintere Kante des Rahmens der Rückenlehne wird in eine Linie mit der oberen inneren Ecke der Armlehne gebracht.

1 Rahmen für die Rückenlehne an hinterer Ecke der Armlehne ausrichten
2 Armlehne
3 Rahmen bündig mit Beinrückseite
4 252 mm
5 Kante des Rückenlehnenrahmens an Unterkante des Sitzflächenrahmens ausrichten
6 hinteres Bein
7 vorderes Bein
8 585 mm
9 Rahmen der Sitzfläche
10 Vorderseite des Sitzflächenrahmens 30 mm vom Vorderbein zurücksetzen
11 299 mm
12 32 mm

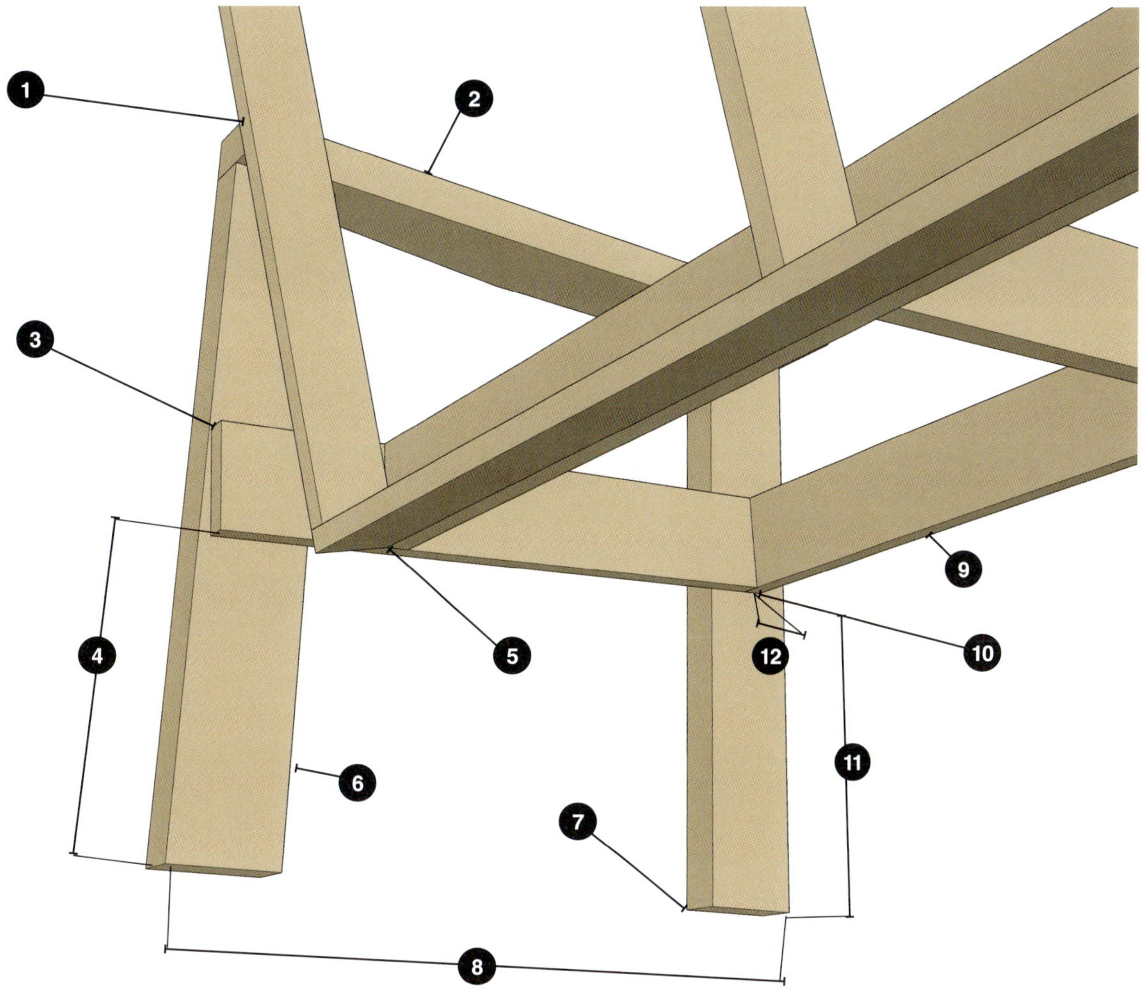

17 Verwenden Sie eine Schraube, um die Rückenlehne vorübergehend an ihrem Platz zu fixieren. Beachten Sie, dass der Rahmen mit der Oberkante der Rückseite der Armstütze in einer Linie liegen soll.

18 Verbinden Sie den Rahmen der Rückenlehne mit Schlossschrauben (8 mm), flachen Beilagscheiben und Sechskantmuttern dauerhaft mit den Armlehnen und dem Rahmen der Sitzfläche. Die Bolzen sorgen für eine extra belastbare Verbindung. Bohren Sie Löcher mit 8 mm Durchmesser durch die Armlehne und den Sitzflächenrahmen und achten Sie darauf, das Loch der Verbindung zu zentrieren.

19 Schlagen Sie die Schlossschraube (90 mm) mit einem Hammer durch die Armlehne und den Rahmen.

20 Bringen Sie eine Beilagscheibe und eine Sechskantmutter auf der Schlossschraube an und ziehen Sie die Mutter fest.

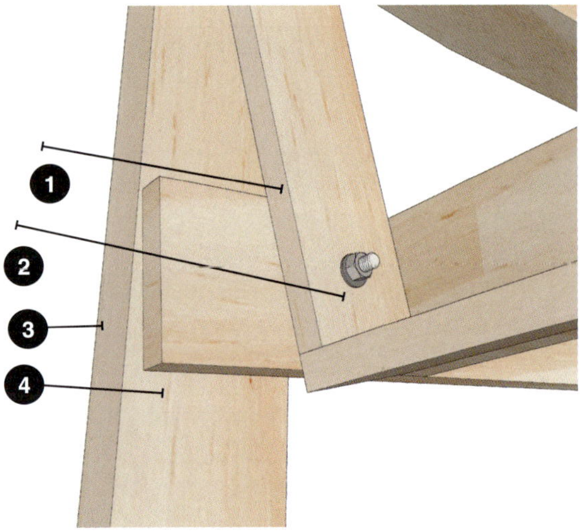

21 Verbinden Sie die Unterseite des Rückenlehnenrahmens auf die gleiche Weise mit dem Rahmen für die Sitzfläche. Bohren Sie ein Loch durch die Seiten der beiden Rahmen und verbinden Sie sie wie zuvor mit Schlossschraube (8 x 50 mm), Beilagscheibe und Mutter.

1 Rahmen für die Rückenlehne
2 Schlossschraube (8 x 50 mm) mit Beilagscheibe und Mutter
3 Hinterbein
4 Rahmen für die Sitzfläche

22 Die Bretter auf der Sitzfläche und der Rückenlehne vervollständigen den Aufbau. Es sind je fünf Bretter auf der Sitzfläche und dem Rückenteil. Man kann hier leicht wie am Fließband arbeiten, indem man zuerst alle Bretter (19 x 90 mm) zuschneidet. Legen Sie diese dann auf der Sitzfläche auf. Montieren Sie sie mit je zwei 50-mm-Schrauben an jedem Ende (siehe umseitigen Tipp). Das vorderste Brett der Sitzfläche sollte über den Rahmen hinüberstehen und mit der Vorderkante der Vorderbeine abschließen. Schieben Sie das letzte Brett fest an den Rahmen der Rückenlehne, verteilen Sie die restlichen Latten optisch ansprechend und schrauben Sie sie fest.

TIPP

Bei Schwierigkeiten, mit dem Schraubenzieher zwischen Armlehne und Sitzfläche zu kommen, müssen Sie eventuell die Arme kurzzeitig abnehmen, um die Bretter für die Sitzfläche zu montieren.

23 Bringen Sie schließlich die Bretter für die Rückenlehne an. Diese werden hier etwas weiter auseinander angeordnet. Das oberste Brett sollte in einer Linie mit der Oberkante des Rahmens liegen. Das unterste Brett liegt 19 mm über den Brettern der Sitzfläche. Um diese Abstände zu gestalten, habe ich einige 19 mm dicke Holzreste verwendet, die als Abstandhalter für das unterste Brett dienen. Dieser Abstand hilft, dass Wasser bei Regen abfließen kann, und verhindert, dass sich Schmutz auf der Sitzfläche ansammelt.

24 Wenn Sie die ersten Bretter an der Rückenlehne anbringen, überprüfen Sie, ob der Rahmen rechtwinklig ist, bevor Sie die Schrauben eindrehen. Sind das oberste und das unterste Brett befestigt, verteilen Sie die restlichen drei Bretter mit gleichmäßigem Abstand. Auch hier sind ein paar Abstandhalter die Rettung, um genaue Abstände sicherzustellen. Ich habe auf 55 mm abgelängte Holzreste verwendet. Arbeiten Sie sich von unten nach oben, indem Sie je einen Abstandhalter auf jedem Ende des vorherigen Bretts positionieren und das nächste Brett darauflegen, bevor Sie die Schrauben festziehen.

25 Die Montagearbeiten sind nun fertig, aber es gibt noch eine Sache, die Sie erledigen sollten, bevor Sie die Bank in Betrieb nehmen. Schleifen Sie alle Oberflächen mit Schleifpapier (Körnung 100) glatt und runden Sie scharfe Kanten ab, damit das Sitzen auf der Bank noch bequemer wird. Nun müssen Sie nur noch überlegen, wohin in Ihrem Garten Sie die Bank stellen wollen. Lieber in eine ruhige Ecke oder doch lieber prominent als einladende Wohltat für Familie und Gäste? Die Entscheidung liegt ganz bei Ihnen …

Wandleuchter

Eine Außenbeleuchtung im Garten, auf der Terrasse oder auf der Veranda sorgt nicht nur für Stimmung, sondern kann auch zur Sicherheit in der Nacht beitragen. Dieser einfache Wandleuchter aus nur drei Holzstücken und ein paar Leisten vom Holzhändler ist leicht gebaut. Er kann fast überall montiert werden, auch an Pfosten oder Zaunpfählen, und funktioniert mit einem Paar batteriebetriebener LED-Lichter für den Außenbereich. Die Lichter, die ich verwendet habe, lassen sich per Fernsteuerung ein- und ausschalten. Die Fernbedienung kontrolliert auch die Farbe der Lichter, die Sie je nach Wunsch verändern können.

BENÖTIGTES HOLZ

1 Brett 19 x 140 x 610 mm
8 Bretter 19 x 90 x 610 mm
1 Leiste 10 x 32 x 2135 mm

BENÖTIGTES MATERIAL

4 Schrauben für den Außenbereich (4 x 50 mm)
4 Schrauben für den Außenbereich (4 x 30 mm)
12 rostfreie Halbrundkopf- oder Flachkopf-Holzschrauben (4 x 25 mm)
2 batteriebetriebene, wasserdichte LED-Lichter für den Außenbereich
doppelseitiges Klebeband oder Klebestreifen für den Außenbereich
Farbe für den Außenbereich

GESAMTABMESSUNGEN

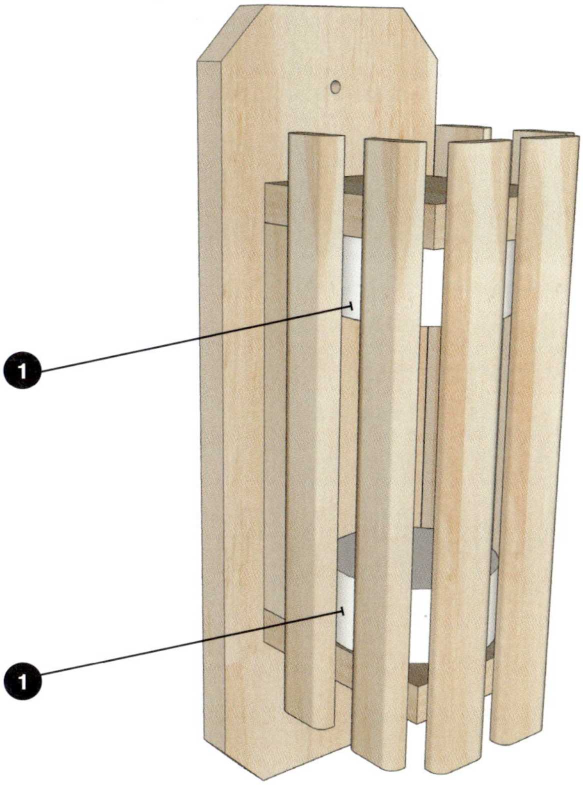

1 LED-Licht

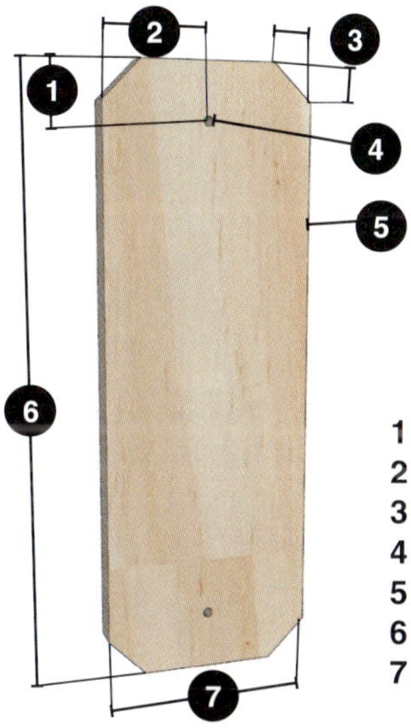

1 38 mm
2 70 mm
3 25 mm
4 5 mm Durchmesser
5 Montageplatte
6 405 mm
7 140 mm

1 Der erste Schritt beim Bau der Wandleuchte ist das Herstellen der Montageplatte. Sie bildet die Basis für die Einfassung des Lichts und erleichtert das Anbringen der Lampe da, wo Sie sie brauchen. Schneiden Sie die Montageplatte aus einem Brett (19 x 140 mm) auf eine Länge von 405 mm zu. Als Nächstes 25 mm von den Ecken aus messen und mithilfe des Winkelmessers 45°-Linien ziehen. Die Ecken mit einer Handsäge abschneiden.

2 Bohren Sie zwei Befestigungslöcher im Durchmesser von 5 mm in die Montageplatte, wie in der Abbildung gezeigt.

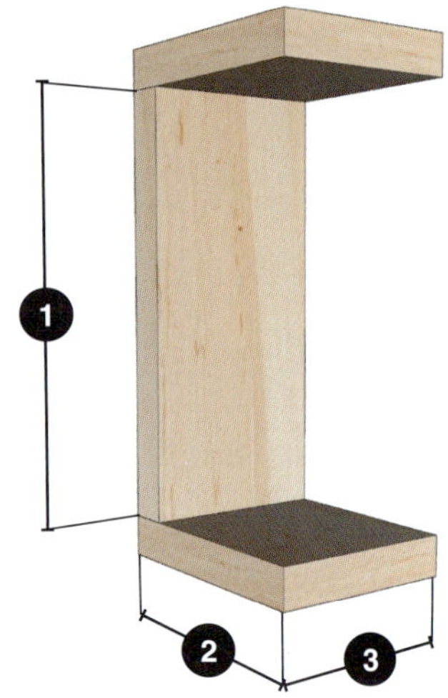

3 Legen Sie die Montageplatte für den Moment beiseite, damit Sie sich auf den Bau der Einfassung für die LED-Lichter konzentrieren können. Dieser beginnt mit drei aus dem Brett zugeschnittenen Teilen: Abdeckung, Boden und Rückseite.

1 200 mm
2 115 mm
3 90 mm

4 Die LED-Lichter werden mit doppelseitigem Klebeband für den Außenbereich innen an Oberseite und Boden der Einfassung befestigt. Um der Kleberhaftung eine glatte Oberfläche zu bieten, tragen Sie ein paar Schichten Farbe für den Außenbereich auf; lassen Sie jede Schicht trocknen, bevor Sie die nächste aufbringen. Kleben Sie die Ränder mit Malerkrepp ab, um eine saubere Linie zu behalten.

5 Für den Zusammenbau der Einfassung verbinden Sie Abdeckung und Boden mit 50-mm-Schrauben mit der Rückseite.

6 Bevor Sie die Einfassung an der Montageplatte anbringen, befestigen Sie die LED-Lichter mit doppelseitigem Klebeband für den Außenbereich. Überprüfen Sie, dass es sicher an der Abdeckung und dem Boden sowie an der Rückseite der LED-Lichter haftet. In manchen Fällen ist doppelseitiges Klebeband nicht geeignet, insbesondere dann, wenn die Rückseite des Lichts nicht flach ist. Eventuell müssen Sie die Abdeckung des Lichts abnehmen, ein paar Löcher hineinbohren, die Rückseite an der Einfassung befestigen und dann die Abdeckung wieder anbringen.

7 Setzen Sie das Licht ein und drücken Sie fest an, um es zu befestigen.

8 Richten Sie die Einfassung mittig auf der Montageplatte aus und befestigen Sie sie von hinten mit vier 30-mm-Schrauben.

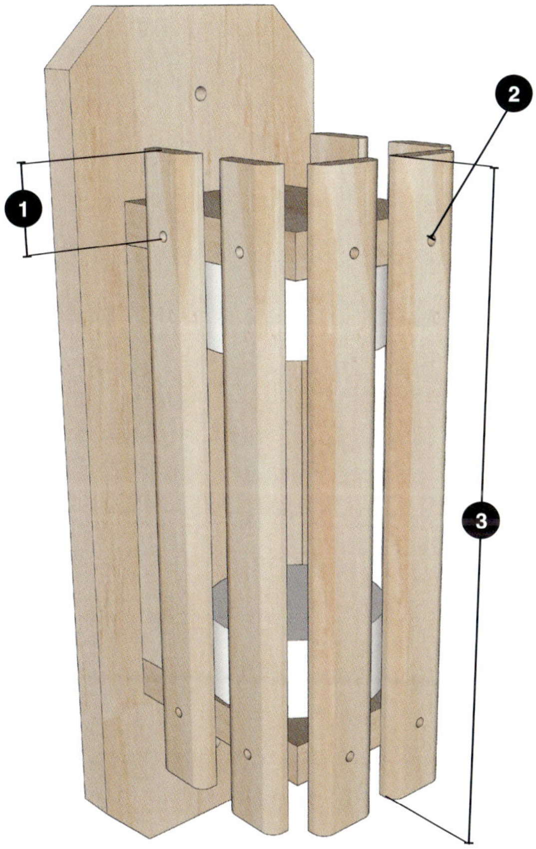

1 35 mm
2 Loch mit 5 mm Durchmesser
3 292 mm

9 Der letzte Arbeitsschritt ist das Anbringen der vertikalen Leisten, die das Äußere der Einfassung bilden. Sie werden aus Standardleisten (10 x 32 mm) gefertigt. Schneiden Sie sechs 292 mm lange Stücke auf Ihrer Arbeitsfläche zu und markieren Sie mithilfe eines Winkelmessers die Position der Schrauben zum Befestigen der Leisten an der Halterung. Die Löcher sind je 35 mm von den Enden entfernt.

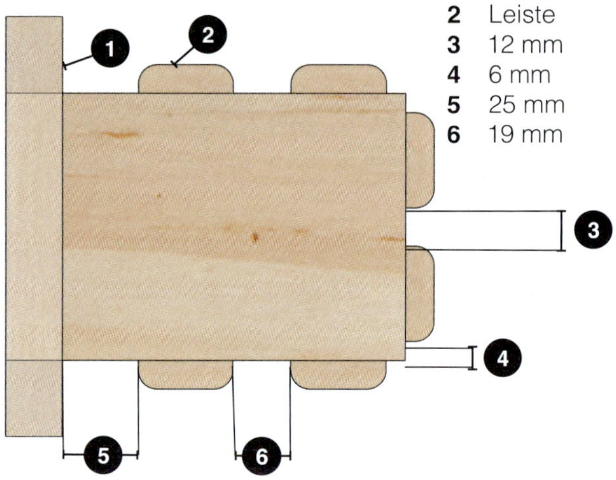

10 Legen Sie ein paar Holzreste unter die Leisten, um das Bohren der Löcher (5 mm Durchmesser) vorzubereiten. Die Abfallstücke schützen die Arbeitsfläche beim Durchbohren der Leisten.

11 Wenn die LED-Lichter angebracht und betriebsbereit sind, können Sie die Leisten an der Halterung befestigen. Sie stehen oben und unten je 25 mm über. Die Abbildung zeigt eine Draufsicht mit Maßen für die Anordnung der Latten.

12 Platzieren Sie die erste Leiste und bohren Sie mit einem 1,5-mm-Bohrer Führungslöcher für die Schrauben vor, wobei das Loch in der Latte als Orientierung für den Bohrer fungiert. Das Vorbohren erleichtert das Eindrehen der Schrauben.

13 Befestigen Sie jede Leiste mit Halbrundkopf- oder Flachkopf-Holzschrauben (4 x 25 mm). Achten Sie darauf, dass sich die Enden in einer Linie zueinander befinden. Nun müssen Sie nur noch entscheiden, wo Sie die Lampe aufhängen möchten. Verwenden Sie dabei unbedingt geeignete Befestigungselemente, die stark genug sind, ihr Gewicht zu halten, und für die Oberfläche geeignet sind, an der die Wandleuchte angebracht werden soll. Nun können Sie per Knopfdruck die Atmosphäre in Ihrem Garten regulieren.

Hochbeet

Wenn Sie gern Blumen oder Gemüse ziehen, werden Sie Freude an diesem Hochbeet haben. Es ist leicht und schnell aufgebaut und besteht aus zwei einfachen Rahmen, die mit vier Beinen verbunden werden. Das Hochbeet bedient sich einer Schwerlastwanne als Behälter für die Erde. Breite und Länge der Pflanzkiste ergeben sich aus der Größe der Wanne, darum sollten Sie diese bereits vor dem Bau ausgesucht haben. Ich habe ein 45-Liter-Behältnis gewählt.

Eine tolle Besonderheit dieses Hochbeets ist seine Anpassungsfähigkeit: Die Höhe des unteren Regals wird durch die Höhe der Kunststoffwanne bestimmt – und davon, ob Sie wünschen, dass deren Oberkante versenkt wird oder bündig mit der Oberkante des Hochbeets abschließt.

BENÖTIGTES HOLZ

1 Kantholz 38 x 63 x 2440 mm
8 Latten 19 x 63 x 2440 mm

BENÖTIGTES MATERIAL

56 Schrauben für Außenbereich (4 x 30 mm)
48 Schrauben für Außenbereich (4 x 50 mm)
1 Schwerlastwanne aus Plastik

GESAMTABMESSUNGEN

1 abhängig von der Länge der Wanne
2 abhängig von der Breite der Wanne
3 604 mm

ANMERKUNG

Die Gesamtabmessungen ergeben sich aus den Außenmaßen der Wanne. Für Details siehe nächste Seite.

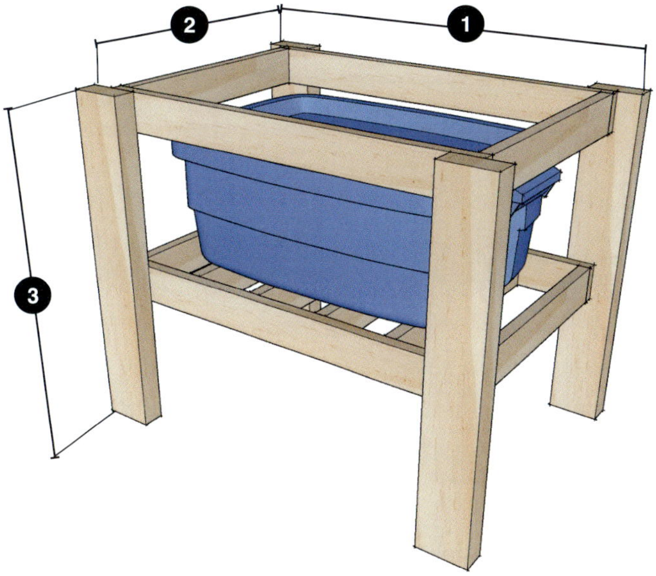

1 Eine robuste Kunststoffwanne dient als Behälter für Erde und Pflanzen im Hochbeet. Ihre erste Amtshandlung besteht darin, die maximale Außenbreite und -länge der Wanne ohne Deckel auszumessen. Achten Sie darauf, auch die Griffe mit abzumessen. Diese Maße werden die Innenmaße der beiden fertigen Rahmen des Hochbeets – die Rahmen müssen um die Wanne herumpassen.

2 Schneiden Sie den Abmessungen entsprechend die Teile für den oberen und den unteren Rahmen aus den Latten (19 x 63 mm) zu. Denken Sie daran, dass die langen Seiten der beiden Rahmen 38 mm länger sein müssen als die Gesamtlänge des Plastikbehälters. Die kurzen Seiten (und die inneren Teile des unteren Rahmens) sollten gleich lang sein wie die Breite der Wanne.

1 abhängig von der Länge der Wanne
2 abhängig von der Breite der Wanne
3 585 mm

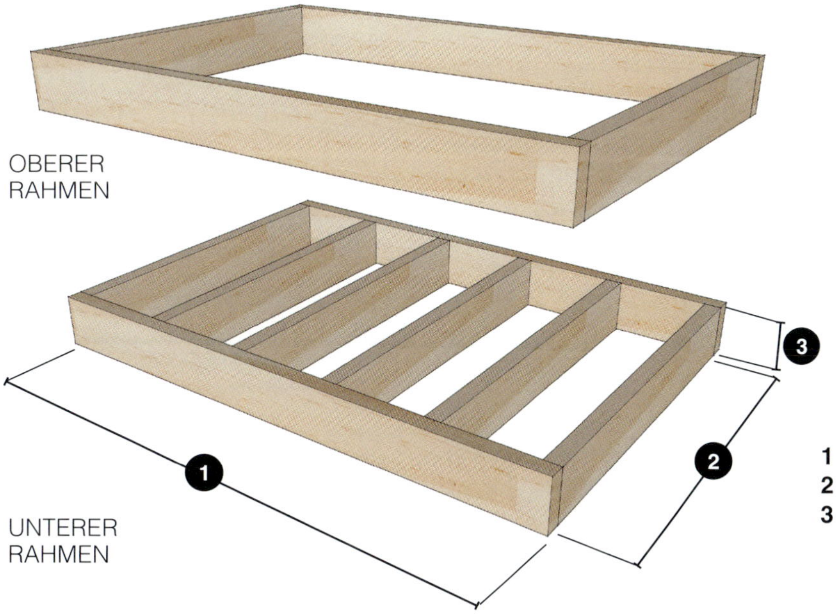

1 abhängig von der Länge der Wanne
2 abhängig von der Breite der Wanne
3 63 mm

3 Bauen Sie die beiden Rahmen mit den kurzen Seitenteilen zwischen den langen Seitenteilen zusammen.

4 Bauen Sie die Rahmenteile mit 50-mm-Schrauben in jeder Ecke zusammen.

5 Wählen Sie den Rahmen aus, der als unterer Rahmen und Halterung für den Kunststoffbehälter dienen soll. Bringen Sie die vier zusätzlichen Querstreben in gleichmäßigem Abstand an. Sie bilden eine solide Halterung für die Wanne, wenn diese mit Erde und Pflanzen gefüllt wird.

6 Die vier Beine verbinden die beiden Rahmen miteinander, die das „Skelett“ des Hochbeets darstellen. Schneiden Sie sie aus dem Kantholz (38 x 63 mm) zu.

7 Nun ist ein guter Moment, um die vertikale Position des unteren Rahmens festzulegen. Ich habe den unteren Rahmen so ausgerichtet, dass die Oberkante des Plastikbehälters auf gleicher Höhe wie die Unterkante des oberen Rahmens liegt. Markieren Sie die Position innen an jedem Bein.

1 647 mm
2 abhängig von der Breite der Wanne
3 63 mm

8 Setzen Sie die Rahmen 38 mm von den Beinaußenkanten aus nach innen.

9 Kontrollieren Sie, ob die Rahmen im rechten Winkel zu den Beinen stehen, bevor Sie sie mit 50-mm-Schrauben befestigen.

10 Das Gestell des Hochbeets ist nun bereit für die Montage der Latten und die letzten Handgriffe.

11 Wenn Sie möchten, können Sie jetzt auch kreativ werden und Bretter in unterschiedlichen Breiten verwenden. Ich habe mich dazu entschieden, alle aus dem gleichen Holz wie die Rahmen (19 x 63 mm) zu fertigen. Die Anzahl und die Abstände variieren abhängig von der endgültigen Größe des Gestells.

1 Länge der Latten

12 Schneiden Sie die Latten so zu, dass sie gleich lang sind wie der Abstand zwischen der Oberkante des oberen Rahmens und der Unterkante des unteren Rahmens oder ihn überragen. Ordnen Sie sie auf jeder Seite des Hochbeets an.

13 Sobald die Latten in Position sind, montieren Sie sie an jedem Ende am oberen und unteren Rahmen mit 30-mm-Schrauben.

14 Zum Verdecken der Lattenenden schneiden Sie Stücke aus den Latten (19 x 63 mm) zu (siehe Schritt 11). Mit den langen Seiten beginnen und die kurzen Seiten so zuschneiden, dass sie zwischen diese passen. Ihre Maße hängen von den endgültigen Maßen des Hochbeets ab. Montieren Sie die obere Einfassung mit 50-mm-Schrauben. Denken Sie daran, unten in die Plastikwanne Abflusslöcher zu bohren, bevor Sie sie mit Erde füllen.

15 Ihr Hochbeet ist fertig und bereit für Ihre Pflanzenauswahl. Jetzt müssen Sie sich nur noch überlegen, wo Sie es hinstellen wollen.

Wunschbrunnen

Nichts in Ihrer Gartengestaltung wird die Blicke so sehr auf sich ziehen wie ein altbewährter Wunschbrunnen. Dieser hier verfügt über eine funktionierende Kurbel zum Hochziehen und Hinunterlassen eines Eimers. Füllen Sie den Grundaufbau und den Eimer mit Pflanzen und Blumen und sehen Sie Ihren Freunden und Ihrer Familie dabei zu, wie sie die Handkurbel ausprobieren.

BENÖTIGTES HOLZ

1 Kantholz (38 x 63 x 2440 mm)
3 Kanthölzer (38 x 90 x 2440 mm)
1 Latte (19 x 63 x 2440 mm)
5 Bretter (19 x 90 x 2440 mm)
1 Rundholz (19 x 1220 mm)

BENÖTIGTES MATERIAL

123 Schrauben für Außenbereich (4 x 40 mm)
8 Schrauben für Außenbereich (4 x 50 mm)
8 Schrauben für Außenbereich (4 x 80 mm)
1 gedrehtes Sisalseil (9,5 x 1830 mm)
1 verzinkter Eimer (4 l)

GESAMTABMESSUNGEN

1 1220 mm
2 560 mm

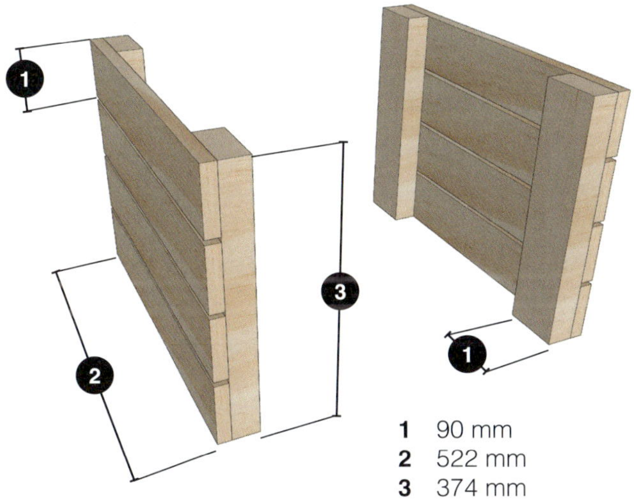

1 90 mm
2 522 mm
3 374 mm

1 Der Grundaufbau des Wunschbrunnens besteht aus vier Eckpfosten, die durch Bretter miteinander verbunden sind. Sie werden zwei Baugruppen fertigen, die als Vorder- und Rückseite der Basis dienen. Die Bretter (19 x 90 mm) für die Fronten und die Pfosten aus dem Kantholz (38 x 90 mm) zuschneiden.

2 Montieren Sie die Bretter mit 40-mm-Schrauben an den Pfosten. Befestigen Sie zuerst die oberen und unteren Bretter und halten Sie sie bündig mit den Enden der Pfosten. Verwenden Sie einen Winkelmesser, um sie besser ausrichten zu können.

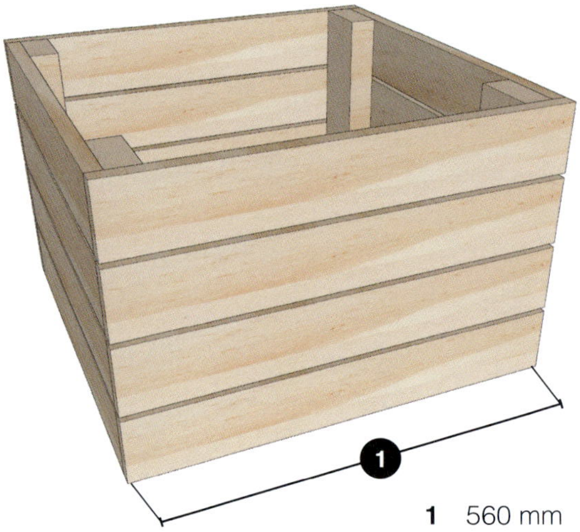

3 Stellen Sie die Baugruppen für Vorder- und Rückseite fertig, indem Sie die übrigen Bretter in gleichmäßigen Abständen anbringen.

4 Sie müssen nun diese beiden Paneele mit den seitlichen Brettern verbinden. Schneiden Sie auch diese aus den 19 x 90-mm-Brettern zu.

5 Verwenden Sie einen Winkelmesser, um die seitlichen Bretter während der Montage an die Pfosten mit 40-mm-Schrauben in eine Linie zu bringen.

6 Stellen Sie die Basis mit den restlichen Brettern fertig, um eine Kiste zu bauen.

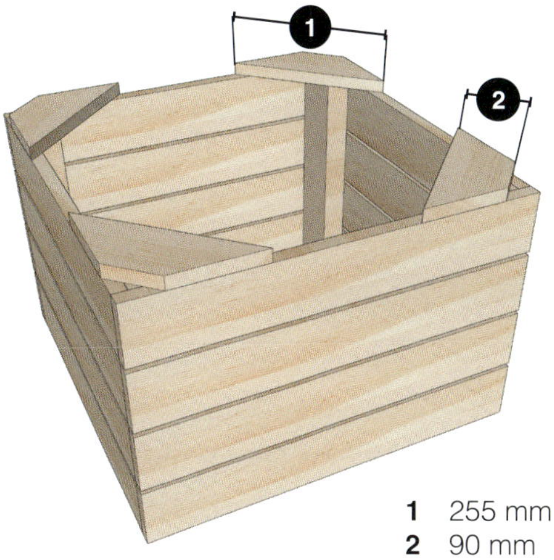

7 Für einen besseren Halt befestigen Sie jedes Brett mit zwei Schrauben pro Pfosten.

8 Damit die Brunnenbasis im rechten Winkel und stabil bleibt, schneiden Sie passende Eckverstrebungen aus den Brettern (19 x 90 mm) zu.

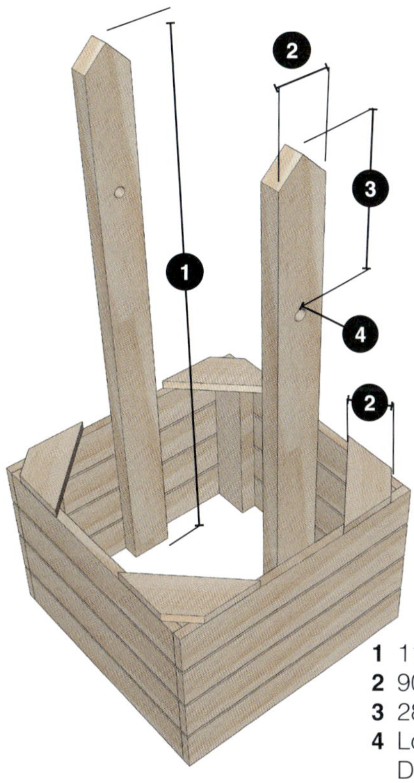

9 Montieren Sie die Verstrebungen in jeder Ecke mit 40-mm-Schrauben.

10 Die senkrechten Pfosten tragen das Dach und den Kurbelmechanismus zum Heben und Senken des Eimers; sie werden aus dem Kantholz (38 x 90 mm) zugeschnitten.

11 Markieren Sie den Mittelpunkt am Ende des Pfostens und ziehen Sie dann mit dem Winkelmesser 45°-Linien, die sich dort treffen. Entfernen Sie die Reste mit einer Säge. Nachdem Sie jeweils an einem Ende eines jeden Pfosten die Ecken abgeschnitten haben, können Sie jetzt schon die Löcher für die Kurbel bohren – oder damit bis später warten.

12 Richten Sie den Pfosten mittig der Breite nach an der Seite der Basis aus. Kontrollieren Sie mit dem Winkelmesser, ob die Pfosten gerade bleiben, während Sie die Schrauben eindrehen.

13 Sind die Pfosten senkrecht, befestigen Sie sie von außen mit 50-mm-Schrauben.

1 349 mm
2 63 mm

14 Als Nächstes montieren Sie die Sparren, die das Dach tragen. Dabei handelt es sich um an einem Ende auf Gehrung (45°) zugeschnittene Kantholzlängen (38 x 63 mm).

15 Bringen Sie die Dachsparren mit zwei horizontal eingeschraubten 80-mm-Schrauben so an den Pfosten an, dass die Oberkante mit dem Gehrungsschnitt am Pfosten liegt.

1 672 mm
2 90 mm

16 Schenken Sie dem Wunschbrunnen sein Dach, indem Sie die Dachlatten aus den Brettern mit den Maßen 19 x 90 mm zuschneiden.

17 Befestigen Sie die Dachlatten mit 40-mm-Schrauben.

18 Nun folgt der spaßige Teil: der Kurbelmechanismus zum Heben und Senken des Eimers. Er wird aus einem Rundholz (19 mm), einem Kurbelarm, einem Griff und einem Endstück gefertigt. Falls Sie dies noch nicht erledigt haben, bohren Sie nun ein Loch mit einem Durchmesser von 22 mm in jeden Pfosten, 280 mm von der Pfostenspitze nach unten gemessen. Für ein sauberes Loch mit wenig Splittern bohren Sie von einer Seite nur so weit, bis die Spitze gerade so an der anderen Seite des Werkstücks durchbricht. Stellen Sie das Loch von der anderen Seite aus fertig und verwenden Sie das kleine Loch als Führung und Zentrierung für den Bohrer.

TIPP

Ein etwas größeres Loch erlaubt dem Rundholz für den Kurbelmechanismus, sich frei zu drehen.

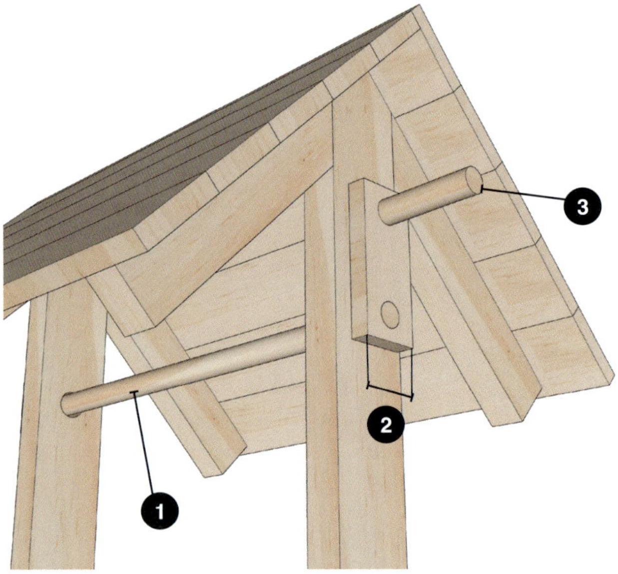

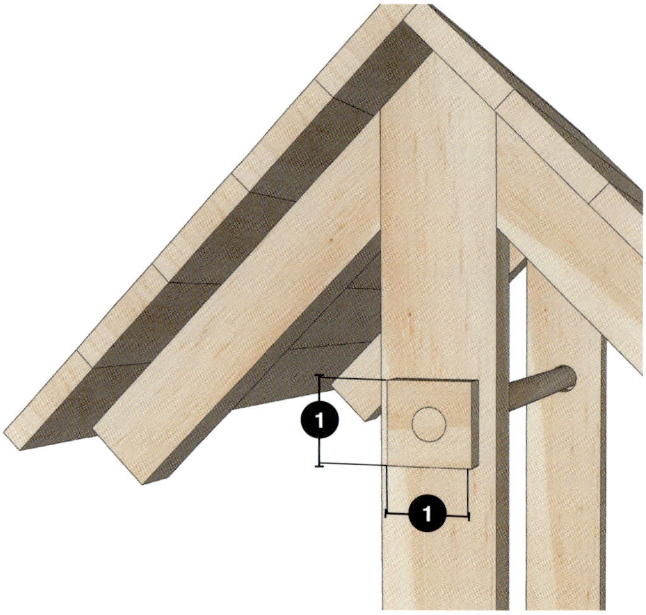

1 Rundholz (25 mm), 570 mm lang
2 63 mm
3 Rundholz (25 mm), 120 mm lang

1 63 mm

19 Jetzt können Sie den Kurbelmechanismus bauen. Schneiden Sie zuerst das Rundholz mit 19 mm Durchmesser auf die Länge für die Hauptachse zu. Sie sollten beachten, dass es lang genug sein muss, um die Kurbel und den Endblock mit einem Spiel von etwa 3 mm aufzunehmen, damit sich die Achse frei bewegen kann. Kurz gesagt: Messen Sie dort, wo sich das Loch befindet, den Abstand der Pfosten von Außenkante zu Außenkante und rechnen Sie 40 mm dazu, um die endgültige Länge des Rundholzes zu erhalten. Schneiden Sie bei dieser Gelegenheit auch das kurze Stück für den Griff der Kurbel zu. Um das lange Rundholz zu befestigen, schneiden Sie den Kurbelarm und das Endstück aus der Latte (19 x 63 mm) zu. Bohren Sie vorsichtig ein Loch mit einem Durchmesser von 19 mm in jedes der beiden Stücke. Um den Kurbelarm und das Endstück am Hauptstab und am Griff zu befestigen, bohren Sie ein Durchgangsloch für eine Schraube durch die Seite des Holzstücks hindurch, ausgerichtet an der Mitte des Lochs. Dieses Loch sollte gerade groß genug sein, dass das Schraubengewinde leicht hindurchpasst. Legen Sie Arm und Endstück an die Enden des Rundholzes und montieren Sie den Griff. Nutzen Sie die Löcher in Arm und Endstück zur Orientierung, um ein Führungsloch (2 mm) nur durch das Rundholz zu bohren. So lässt sich die Schraube leichter eindrehen, ohne dass Sie ein Splittern des Rundholzes riskieren. Drehen Sie eine Schraube durch das vorgebohrte Loch, sodass sie sich gut einfügt; durch zu starkes Festziehen kann das Holz splittern.

20 Den Griff am Kurbelarm und das Endstück an jedem Ende des Hauptstabs mit je einer 40-mm-Schraube so befestigen, dass die Schraube nicht überdreht. Jetzt müssen Sie nur noch ein Ende des ein paar Meter langen Sisalseils an das Hauptstück binden und mit der Kurbel ein paarmal aufwickeln. Binden Sie das andere Ende des Seils an einem kleinen Eimer fest, um einen lustigen und „funktionstüchtigen" Wunschbrunnen zu erhalten. Er wird in Ihrem Garten bestimmt viel Aufmerksamkeit auf sich ziehen.

Pergola

Als einladende Eintrittspforte in Ihren Garten lädt diese Pergola Ihre Gäste zum Erkunden ein. Sie ist ein simpler Aufbau, bestehend aus vier Pfosten mit Spalieren an den Seiten und einem einfachen Lattendach, das kletternden Weinranken beim Wachsen hilft. Sie ist leicht zu bauen, aber bei der Montage werden Sie ein bisschen Hilfe brauchen.

BENÖTIGTES HOLZ

4 Kanthölzer (90 x 90 x 2440 mm)
15 Latten (19 x 38 x 1830 mm)
2 Bretter (19 x 140 x 1830 mm)
4 Latten (19 x 63 x 2440 mm)

BENÖTIGTES MATERIAL

60 Schrauben für den Außenbereich (4 x 30 mm)
14 Schrauben für den Außenbereich (4 x 40 mm)
24 Schrauben für den Außenbereich (4 x 50 mm)
8 Schlossschrauben (8 x 130 mm) mit flachen Beilagscheiben und Sechskantmuttern
Holzleim für den Außenbereich

ANMERKUNG ZUM AUFBAU

Für stehende Konstruktionen braucht man manchmal eine Genehmigung der örtlichen Baubehörde, insbesondere, wenn Pfosten permanent im Boden verankert werden. Klären Sie dies mit den Behörden in Ihrer Gegend, bevor Sie beginnen. Eine weitere Frage ist, wie Ihr Bauwerk im Boden gesichert werden soll. Lassen Sie es frei stehen, könnte es vom Sturm umgeweht werden. Sie könnten Pfosten kaufen, die länger als 2440 mm sind, und sie in den Boden schlagen. Sie können auch Stahlverankerungen verwenden, wie auf S. 73 gezeigt. Es gibt sie mit langer Spitze zum Einschlagen in den Boden mit einem Gummihammer (Einschlaghülsen); Aufschraubhülsen werden an einer geraden Oberfläche festgeschraubt. Auch hier sollten Sie sich unbedingt an die örtlichen Baubehörden wenden und sich beraten lassen.

GESAMTABMESSUNGEN

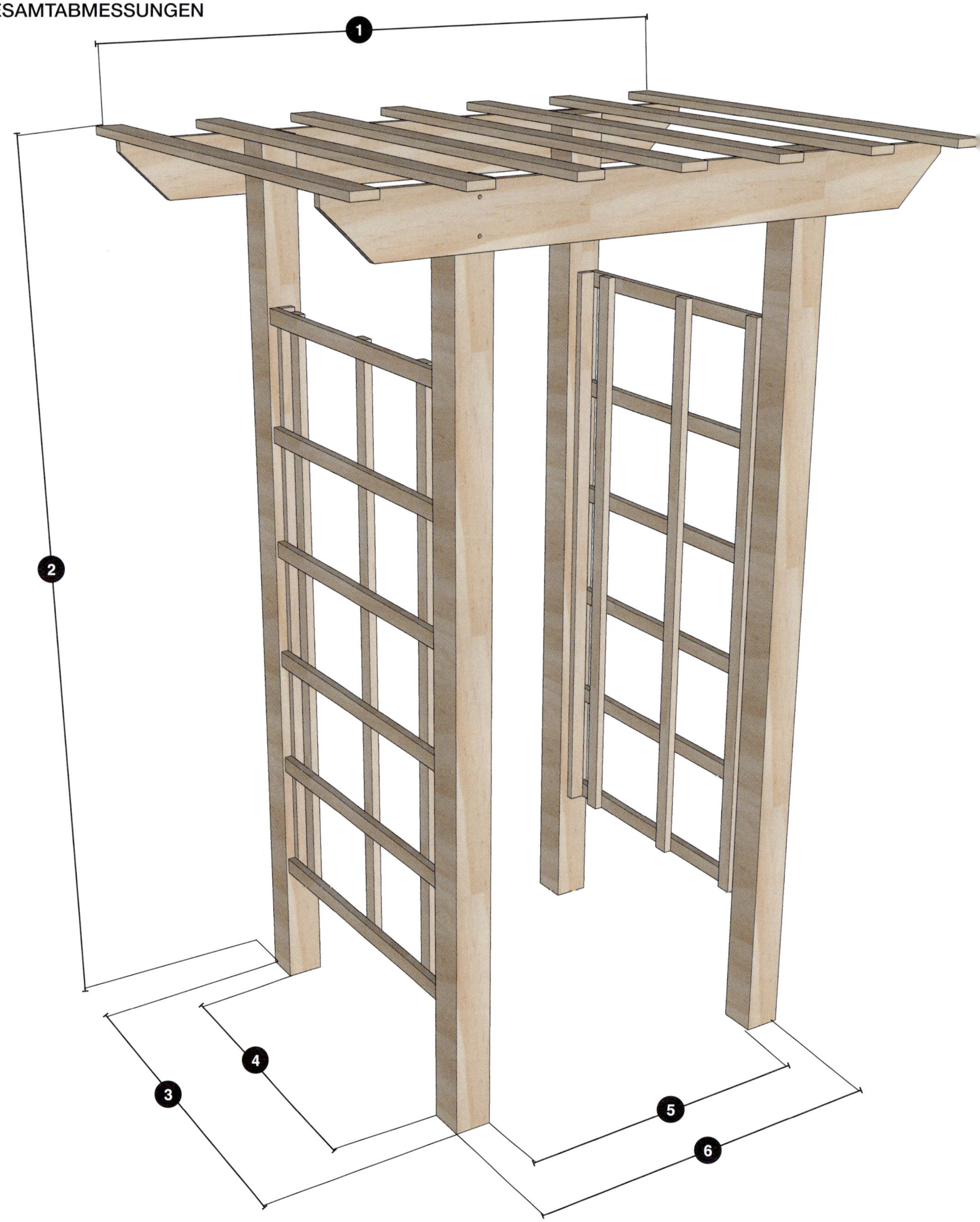

1 1550 mm
2 2191 mm
3 927 mm
4 747 mm
5 760 mm
6 940 mm

Einschlaghülsen in den Boden schlagen und dann den Pfosten montieren.

Aufschraubhülsen können auf einer Terrasse oder Veranda montiert werden. Stellen Sie sicher, dass Sie passende Verankerungen oder Befestigungselemente verwenden.

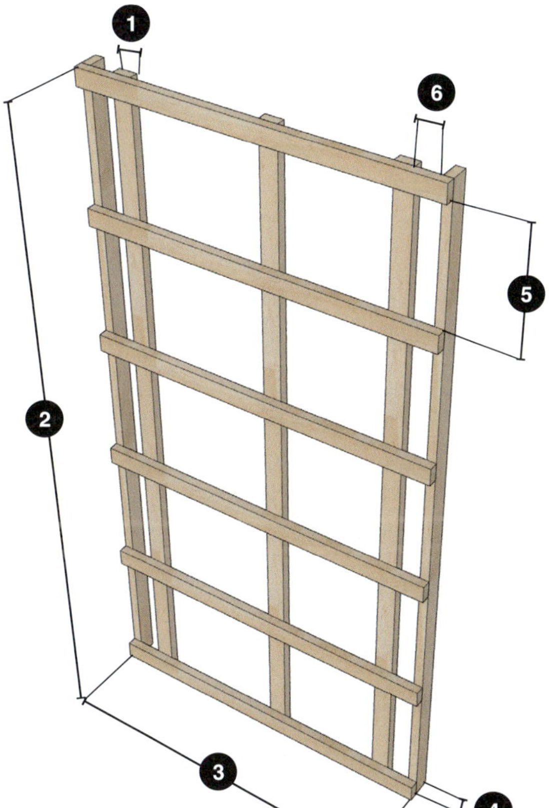

1 Beginnen Sie mit dem Zuschnitt der Teile für das Spalier aus den Latten (19 x 38).

1 38 mm
2 1475 mm
3 747 mm
4 38 mm
5 250 mm
6 50 mm

2 Bevor Sie die Teile zusammenbauen, kontrollieren Sie ihren rechten Winkel zum angrenzenden Teil. Markieren Sie dessen Position und bohren Sie für die Schraube ein kleines Loch (2 mm) durch den oberen Teil und ein Stück weit in den unteren Teil vor. Führen Sie diesen Arbeitsschritt an jeder Überschneidung aus. Nehmen Sie dann den oben liegenden Teil ab und tragen Sie Holzleim für den Außenbereich auf. Die Zugabe von Holzleim an jeder Verbindung sorgt für ein starkes Spalier.

3 Verschrauben Sie nun jede Überkreuzung mit je einer 30-mm-Schraube; dabei immer kontrolllieren, dass der Aufbau rechtwinklig bleibt.

4 Die fertigen Spalierteile werden mit dem vorderen und dem hinteren Pfosten verbunden, um die beiden Seiten der Pergola zu bilden. Schneiden Sie die Pfosten aus dem Kantholz (90 x 90 mm) zu.

1 Spalier durch Seite des Gitters befestigen
2 Spalier 6 mm von Vorderseite aus nach hinten versetzt
3 305 mm

5 Montieren Sie die Spaliere an den Vorder- und Hinterpfosten. Richten Sie das Gitterspalier dabei 305 mm über der Unterkante des Pfostens aus und setzen Sie es, von der Außenseite betrachtet, 6 mm nach hinten, bevor Sie es auf der Innenseite mit 50-mm-Schrauben durch die Seitenschienen der Gitter befestigen.

1 1550 mm
2 760 mm
3 305 mm
4 115 mm
5 140 mm
6 190 mm
7 8 mm Durchmesser
8 25 mm
9 349 mm
10 32 mm

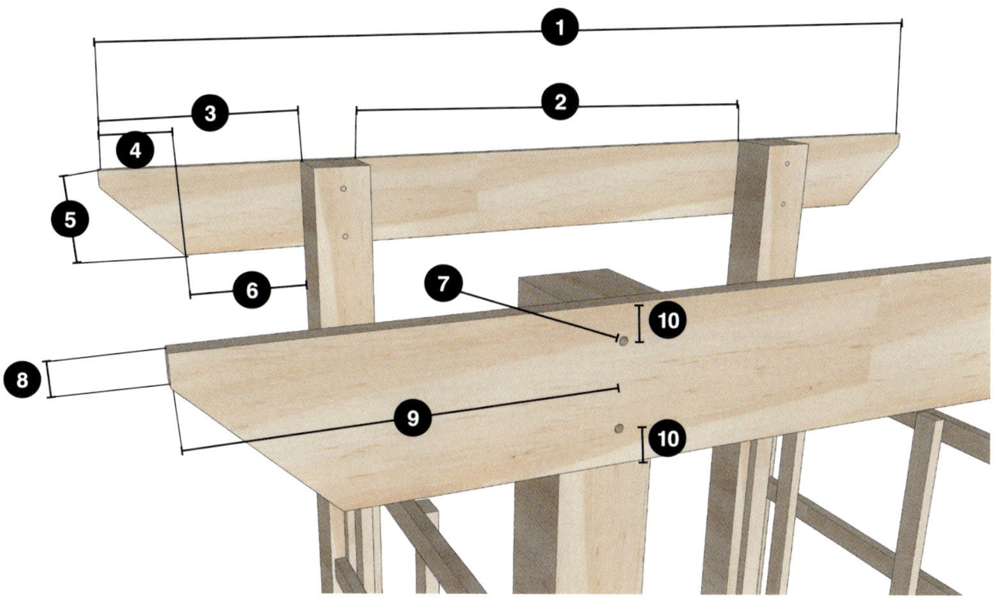

6 Es folgt der „Dachaufbau“. Dafür sollten Sie sich Hilfe holen: Sie brauchen jemanden, der Ihnen die Seitenteile festhält, während Sie die beiden Dachbalken montieren, die die Seiten der Pergola bilden.

ANMERKUNG

Hier haben Sie die Möglichkeit, die Seitenaufbauten erst im Boden zu verankern und dann die Dachkonstruktion anzubringen. Andererseits können Sie auch den Aufbau fertigstellen und dann mithilfe einiger Freunde an seinen Platz setzen. Entscheiden Sie sich für Letzteres, bringen Sie oben und unten jeweils vorn und hinten vorübergehend eine Querstrebe an, damit die Pfosten im rechten Winkel zur Dachkonstruktion bleiben, wenn Sie das Werkstück bewegen. Der Abstand von einer Seite zur anderen sollte gleich sein.

7 Schneiden Sie die Balken aus den Brettern mit den Maßen 19 x 140 mm zu. Markieren Sie 25 mm unterhalb der Oberkante und ziehen Sie dann mit dem Tischlerdreieck eine Linie von der Markierung bis zur Unterkante.

8 Verwenden Sie ein Winkeldreieck als Führung für einen sauberen, geraden Schnitt.

9 Die Dachbalken stehen 305 mm über die Pfosten, an jeder Seite sollte gemessen und eine Hilfslinie gezogen werden. Bohren Sie 8 mm große Löcher für die Schlossschrauben, mit denen die Dachbalken an den Pfosten befestigt werden.

10 Richten Sie die Balken mit etwas Hilfe auf den Pfosten aus und achten Sie darauf, dass sie rechtwinklig zu diesen verlaufen. Verwenden Sie die Löcher in den Dachbalken, um Markierungen für die Löcher in den Pfosten anzubringen. Balken wegnehmen und dann in die Pfosten bohren.

11 Befestigen Sie die Balken mit Schlossschrauben, Beilagscheiben und Muttern.

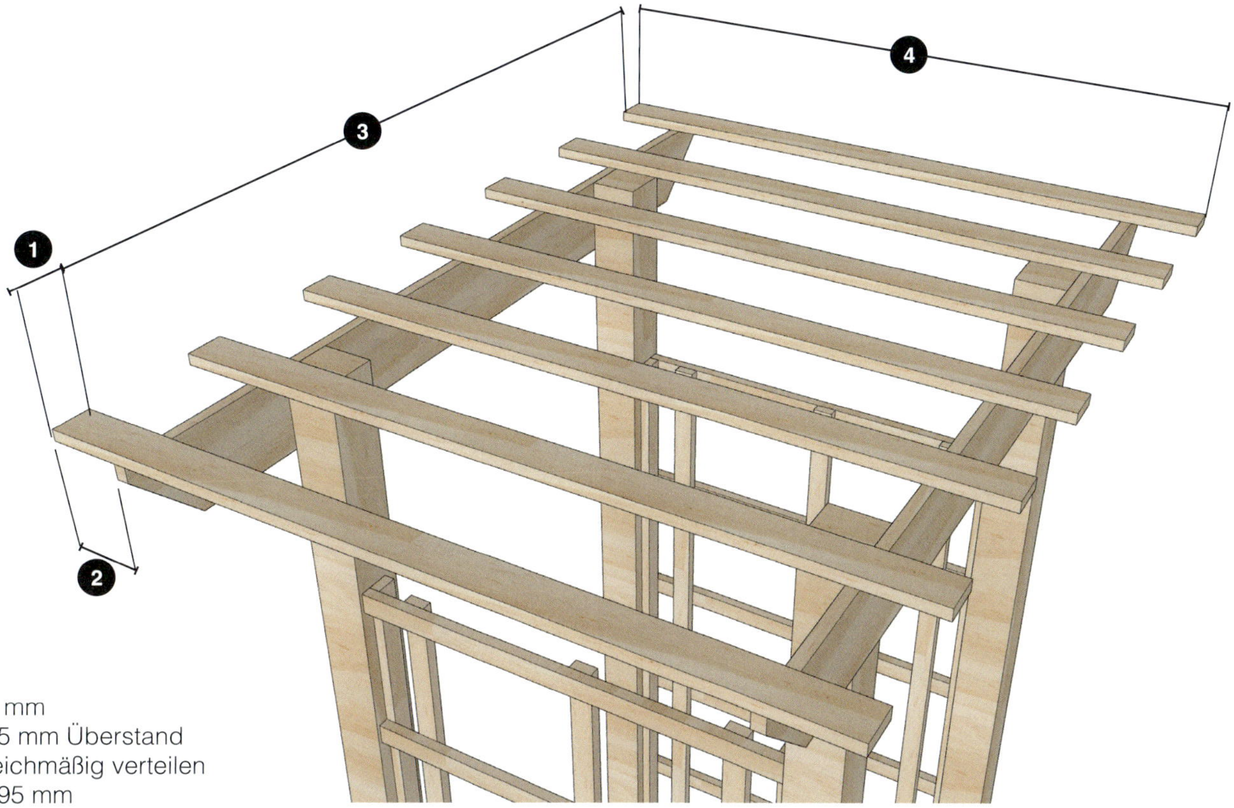

1 63 mm
2 115 mm Überstand
3 gleichmäßig verteilen
4 1195 mm

12 Um den Aufbau zu vollenden, fertigen Sie die Dachlatten an, die den vorderen und den hinteren Balken miteinander verbinden. Schneiden Sie sie aus den Latten mit den Maßen 19 x 63 mm zu.

13 Die Latten mit den 40-mm-Schrauben montieren. Haben Sie vorher beschlossen, die Pergola erst fertigzustellen und dann aufzustellen, verwenden Sie Holzstreifen, die vorn und hinten unten an den Pfosten angebracht werden. Kontrollieren Sie, ob der Aufbau immer noch rechtwinklig ist, indem Sie nachmessen, ob der Abstand zwischen den Seitenpfosten oben und unten gleich ist. Je nachdem, wie Sie die Pergola am Boden verankern wollen, stellen Sie sicher, dass die Dachkonstruktion gerade ist und die Pfosten senkrecht stehen (und nicht in irgendeine Richtung lehnen). Vielleicht können Sie aus der Gärtnerei ein paar duftende, schöne Blumen und Weinpflanzen holen, die Ihre neueste Errungenschaft im Garten zieren.

Grilltisch

Dieser Arbeitsplatz wird zur praktischen Ergänzung Ihres Grills und bietet Platz für Fleisch, Gewürze und Grillaccessoires. Einige Haken an der Rückwand sind nützlich, um Utensilien aufzuhängen, während das Regal ein toller Platz ist, um Grillgewürze immer zur Hand zu haben. Dieses Möbelstück passt auch in eine Gartenhütte, als Pflanztisch zum Setzen und Umtopfen von Gewächsen, komplett mit Haken zum Aufhängen von Gartenwerkzeug und einem Regal zur Aufbewahrung von Dünger und Co. Der Aufbau des Arbeitstisches ist einfach: Zwei Rahmen bilden die Grundlage für den Arbeitsaufsatz und das untere Regal. Sie werden mit vier Beinen verbunden, wobei die Hinterbeine für die Rückwand und das kleine Regalbrett bis nach oben reichen.

BENÖTIGTES HOLZ

9 Bretter (19 x 90 x 2440 mm)
4 Kanthölzer (38 x 90 x 2440 mm)

BENÖTIGTES MATERIAL

52 Schrauben für Außenbereich (4 x 40 mm)
44 Schrauben für Außenbereich (4 x 50 mm)

GESAMTABMESSUNGEN

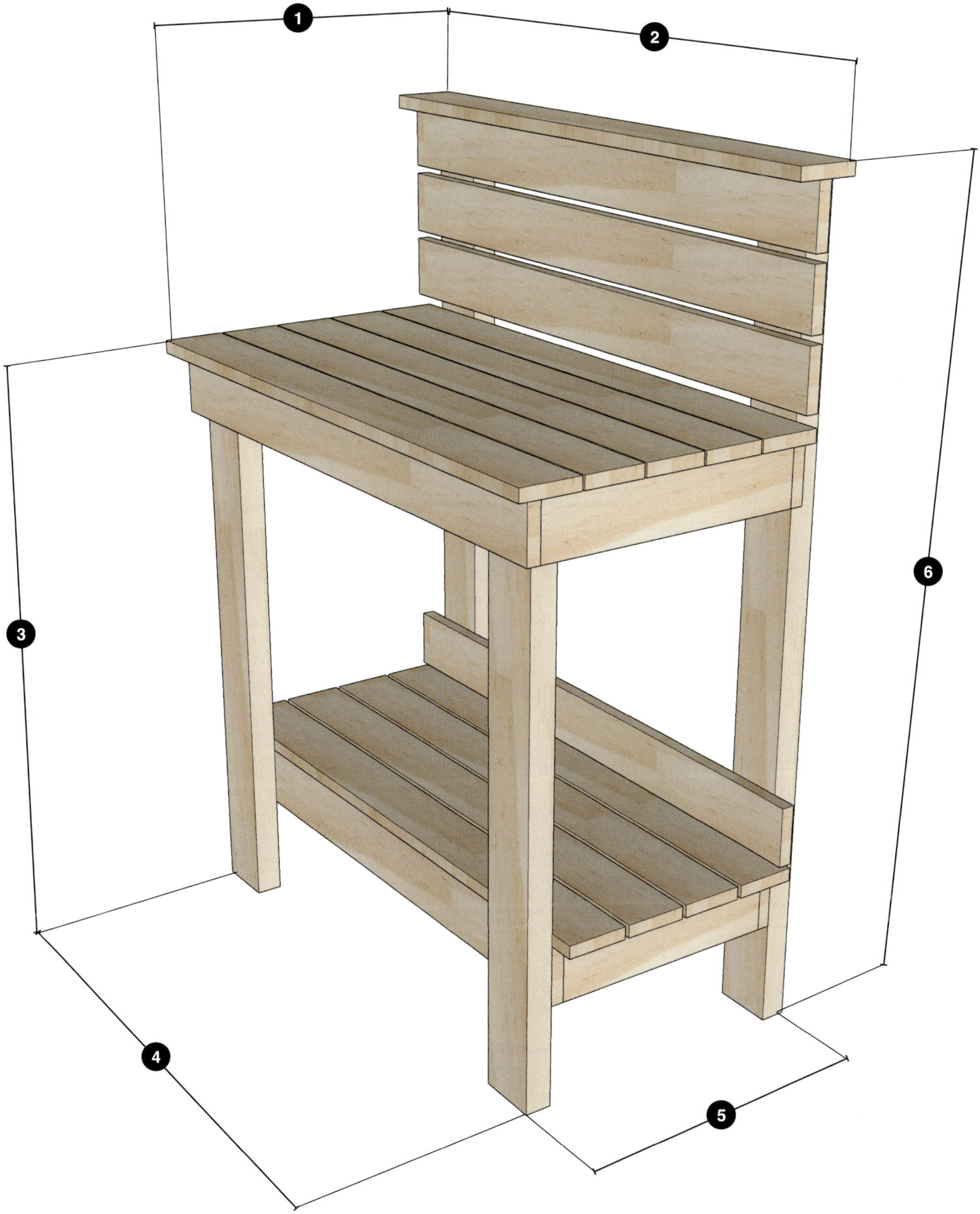

1 497 mm
2 902 mm
3 884 mm
4 827 mm
5 449 mm
6 1214 mm

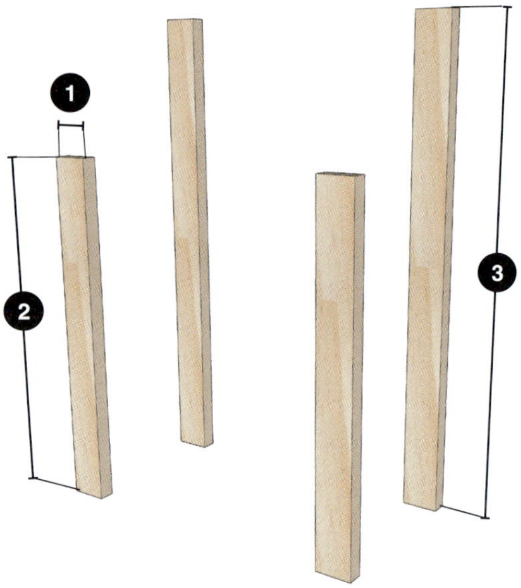

1 90 mm
2 865 mm
3 1195 mm
4 865 mm
5 392 mm
6 90 mm
7 oberer Rahmen
8 827 mm
9 336 mm
10 90 mm
11 unterer Rahmen

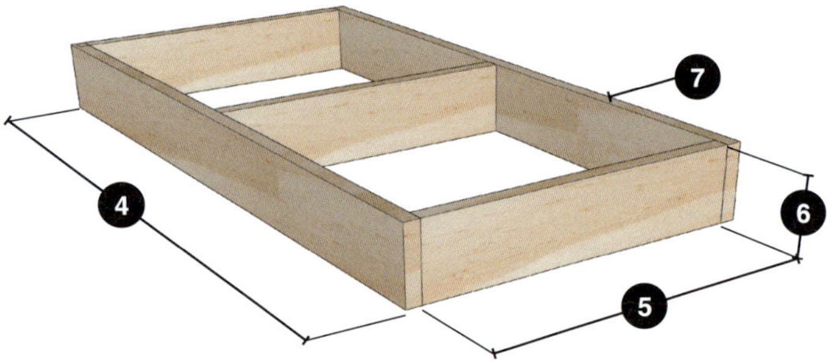

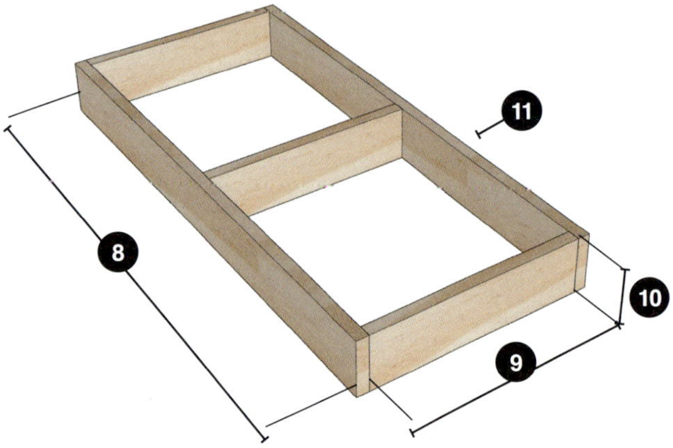

1 Beginnen Sie mit dem Zuschnitt der vier Beine aus dem Kantholz (38 x 90 mm). Legen Sie die Beine beiseite, während Sie am Bau des oberen und unteren Rahmens aus den Brettern (19 x 90 mm) arbeiten.

2 Verbinden Sie die vordere und die hintere Leiste jedes Rahmens mit zwei Endstücken und einer Stützstrebe in der Mitte. Verschrauben Sie die Verbindungen mit 50-mm-Schrauben; zuerst kontrollieren, ob alle Verbindungen der Rahmen rechtwinklig sind.

3 Befestigen Sie als Nächstes die Rahmen an den Beinen.

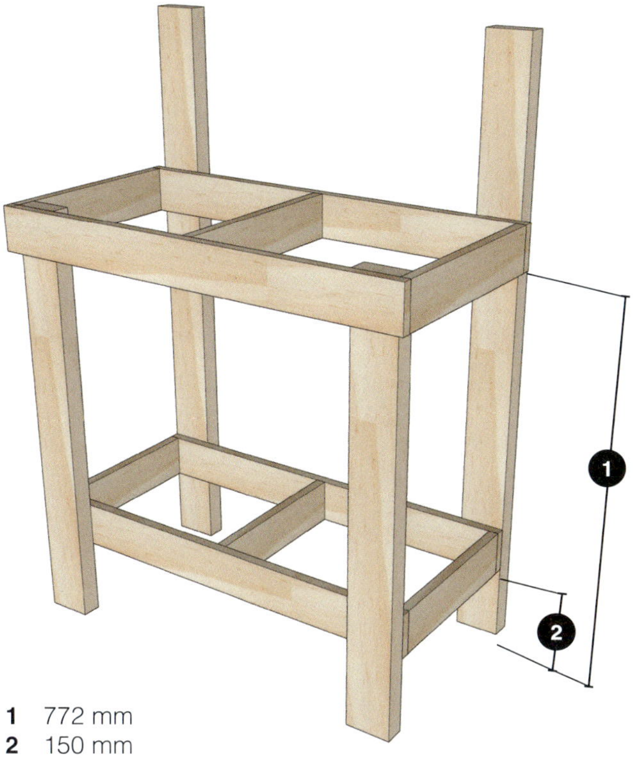

1 772 mm
2 150 mm

4 Um die Position für den unteren Rahmen zu finden, verwenden Sie den Winkelmesser als Orientierungshilfe, um auf der Innenseite eines jeden Beins 150 mm vom Boden entfernt eine Linie zu ziehen.

5 Richten Sie den Rahmen mithilfe des Winkels an den Beinen aus, bevor Sie ihn an jedem Bein mit 50-mm-Schrauben montieren.

6 Richten Sie den oberen Rahmen in einer Linie mit der Oberkante der Vorderbeine und 772 mm von der Unterkante der Hinterbeine aus gemessen aus. Mit 50-mm-Schrauben befestigen.

7 Schneiden Sie dann die Bretter (19 x 90 mm) für die Arbeitsfläche und die Ablage zu. Glücklicherweise haben sie alle die gleiche Länge.

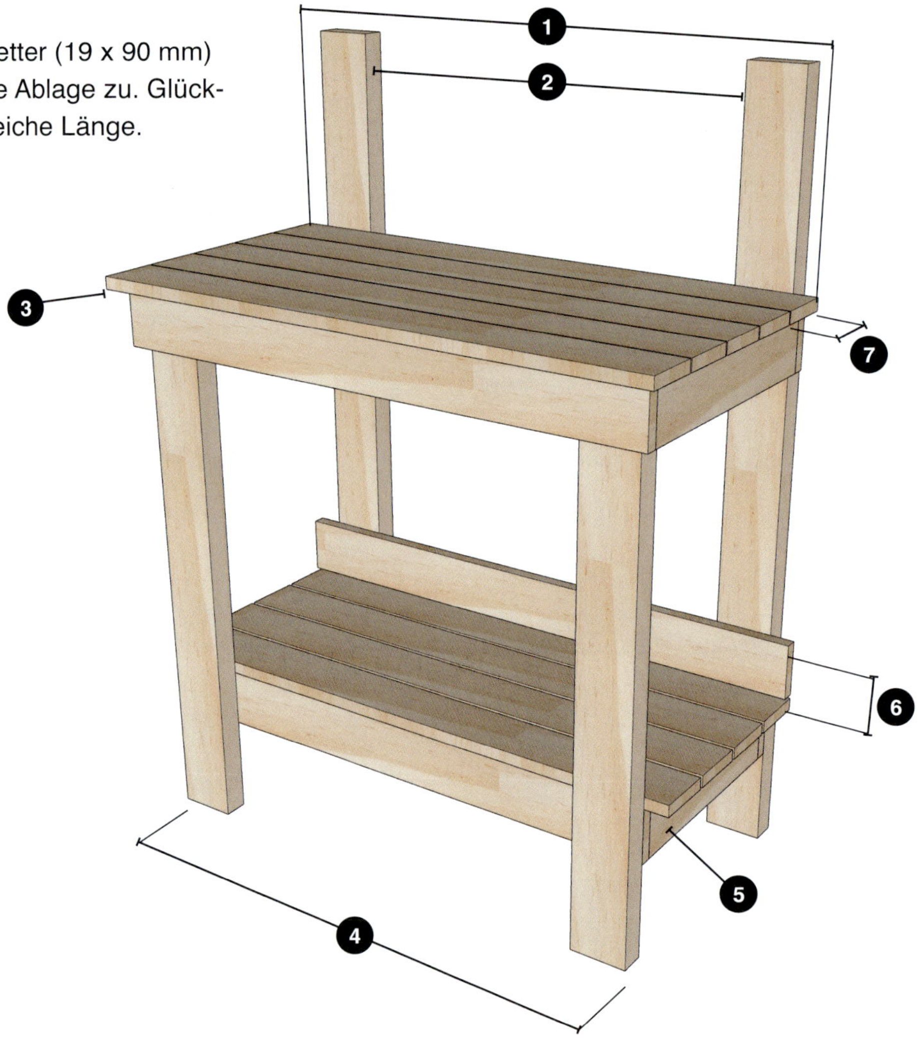

1 902 mm
2 alle Bretter für Ablage und Arbeitsfläche messen 902 mm
3 19 mm Überhang
4 827 mm
5 38 mm Überhang
6 90 mm
7 90 mm

8 Montieren Sie sowohl an der Arbeitsfläche als auch an der Ablage die vorderen und hinteren Bretter zuerst und teilen Sie den Rest gleichmäßig dazwischen auf. Verwenden Sie für die Montage 40-mm-Schrauben.

1 oberes Brett bündig mit Oberkante des Hinterbeins
2 90 mm
3 19 mm

9 Montieren Sie die Bretter für die Rückwand des Grilltischs beim Befestigen mithilfe eines Holzrestes als Abstandhalter 19 mm über der horizontalen Oberfläche. Schrauben Sie das obere und das untere Brett an, bevor Sie den Rest befestigen.

10 Achten Sie darauf, dass das obere Brett bündig mit der Oberkante der Hinterbeine abschließt.

1 902 mm
2 90 mm

11 Bringen Sie das Regal mit 50-mm-Schrauben in einer Linie mit der Rückseite der Hinterbeine an. Haben Sie diesen Arbeitsplatz einmal an seinen Bestimmungsort gestellt, werden Sie schnell merken, wie praktisch und bequem er ist und sich dann wundern, wie Sie je ohne ihn auskommen konnten.

Terrassentablett

Wenn Sie Gäste im Garten oder auf der Terrasse empfangen, gibt es oft zu wenig Abstellflächen, insbesondere, wenn Essen serviert wird und jeder nach einem Plätzchen sucht, um seine Snacks zu genießen. Wenn Sie einen Zaun oder ein Terrassengeländer haben, löst dieses Terrassentablett das Problem. Es passt genau auf das Geländer und bietet eine flache, stabile Oberfläche für Speisen und Getränke. Es ist auch praktisch in der Nähe eines Grills, um Marinaden oder andere Grillaccessoires zu halten. Fertigen Sie ein paar davon an, um sie bei Ihrem nächsten Treffen zur Hand zu haben. Der Bau des Tabletts könnte einfacher nicht sein: Vier Bretter ergeben die Grundfläche, ein Rand entlang dreier Kanten hält alles zusammen, und zwei Bretter an der Unterseite passen genau auf Ihr Terrassengeländer.

BENÖTIGTES HOLZ

3 Bretter (19 x 90 x 2440 mm)

1 Latte (19 x 38 x 1830 mm)

BENÖTIGTES MATERIAL

23 Schrauben für Außenbereich (4 x 40 mm)

GESAMTABMESSUNGEN

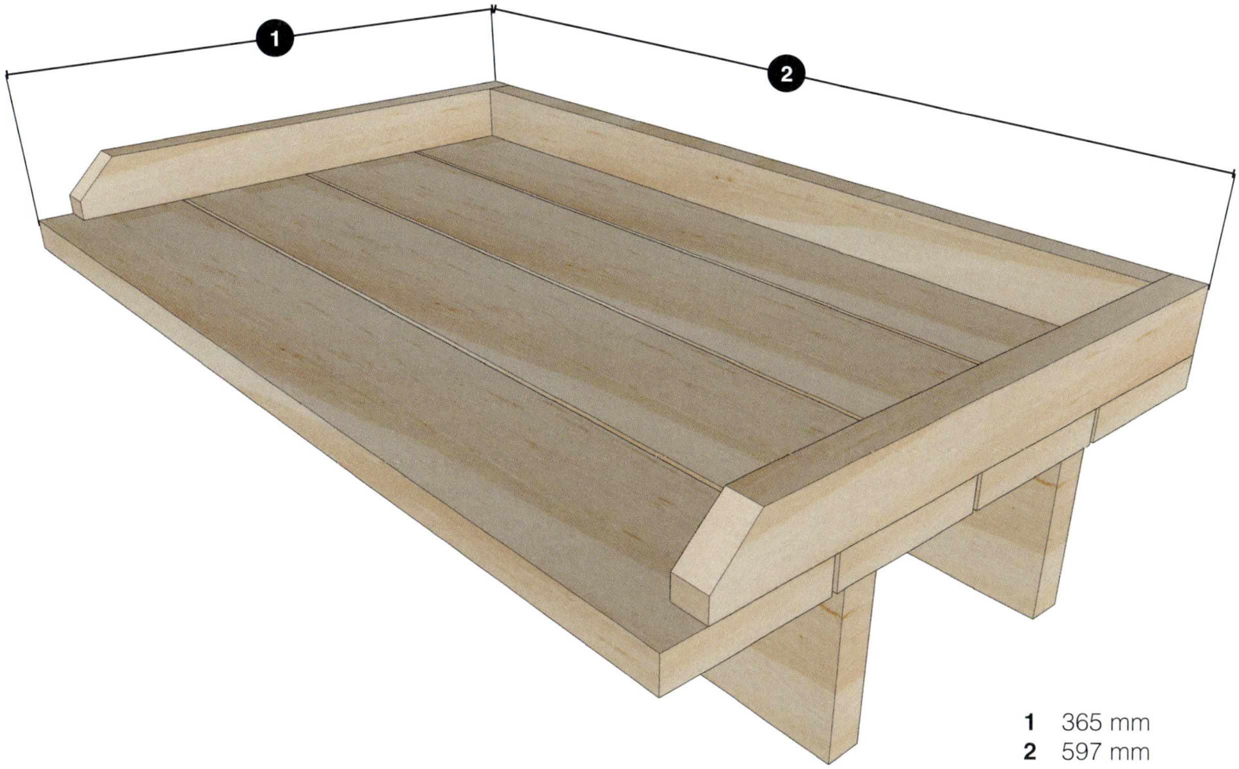

1 365 mm
2 597 mm

1 342 mm
2 zwischen den Seitenleisten einpassen
3 25 mm
4 22 mm
5 12 mm
6 597 mm
7 90 mm
8 38 mm

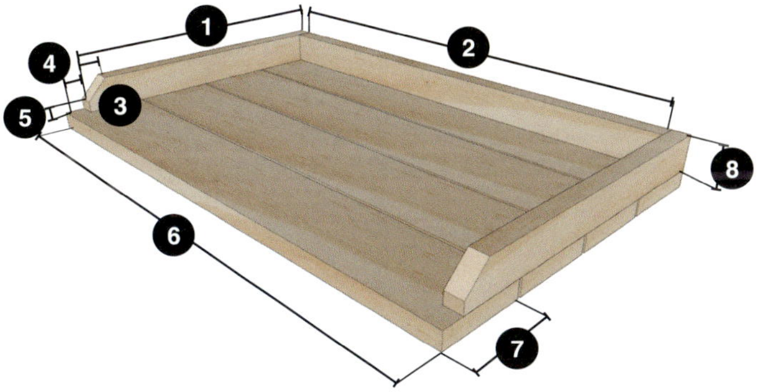

1 Mit dem Zuschnitt der drei Teile aus der Latte (19 x 38 mm) beginnen, die den Rand entlang der Oberseite des Tabletts bilden. Sie dienen als Befestigungselemente für die einzelnen Bretter des Tabletts. Schneiden Sie die obere Ecke an den Seitenteilen wie gezeigt im 45°-Grad-Winkel ab. Die vier Bretter (19 x 90 mm) für die Tablettfläche zuschneiden.

2 Zu Beginn der Montage legen Sie die Seitenteile verkehrt herum auf Ihre Arbeitsfläche. Richten Sie das hintere Brett für die Fläche bündig mit den Enden der Seitenränder aus. Auf Rechtwinkligkeit kontrollieren, bevor Sie sie mit den 40-mm-Schrauben befestigen. Lassen Sie zwischen den Brettern einen Abstand von ca. 3 mm. Das vordere Brett für das Tablett soll über die Seitenränder ragen.

3 Drehen Sie das Tablett um und messen Sie dann das Randstück so aus, dass es bequem zwischen die Seitenteile passt.

4 Drehen Sie das Tablett erneut um und befestigen Sie das hintere Randstück mit drei Schrauben.

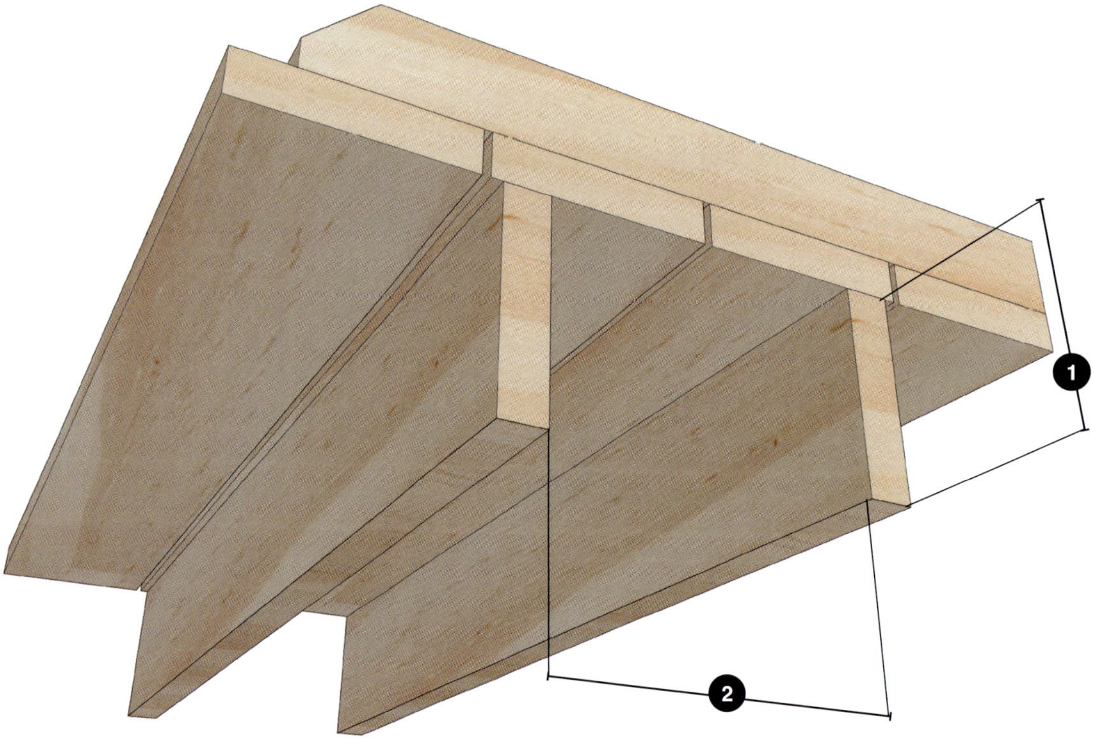

1 90 mm
2 Abstand je nach Breite des Terrassengeländers

5 Jetzt, wo der Grundaufbau des Tabletts fertig ist, werden die beiden Bretter an der Unterseite genau auf Ihr Terrassengeländer passend angebracht. Suchen Sie sich etwas Hilfe zum Halten der Bretter oder verwenden Sie eine Zwinge, während Sie das Tablett von vorn nach hinten mittig auf den Leisten ausrichten.

6 Schließlich markieren Sie die Bretter an den Seiten des Tabletts und montieren sie mit 40-mm-Schrauben. Mehr Platz für Speisen, Getränke und Marinaden zu haben, ist bei einer Gartenparty immer von Vorteil. Sie werden schnell merken, wie praktisch es ist, dieses Accessoire zur Hand zu haben.

Hängemattenständer

Es gibt nichts Angenehmeres, als im Schatten eines Baums mit einem kühlen Getränk und einem guten Buch zu entspannen. Mit diesem frei stehenden Hängemattenständer können Sie auf einfache Art in der Brise schaukeln, überall in Ihrem Garten. Gefertigt aus Bauholz, garantiert er eine solide Konstruktion bei portemonnaieschonenden Materialkosten.

BENÖTIGTES HOLZ

9 Kanthölzer (38 x 90 x 2440 mm)

BENÖTIGTES MATERIAL

8 Schrauben für Außenbereich (4 x 60 mm)
34 Schrauben für Außenbereich (4 x 80 mm)
20 Scheibenkopfschrauben (4 x 30 mm)
2 Schlossschrauben (8 x 130 mm) mit flachen Beilagscheiben und Sechskantmuttern
4 Flachwinkel (38 x 152 x 152 mm)
4 Flachverbinder (46 x 127 mm)

GESAMTABMESSUNGEN

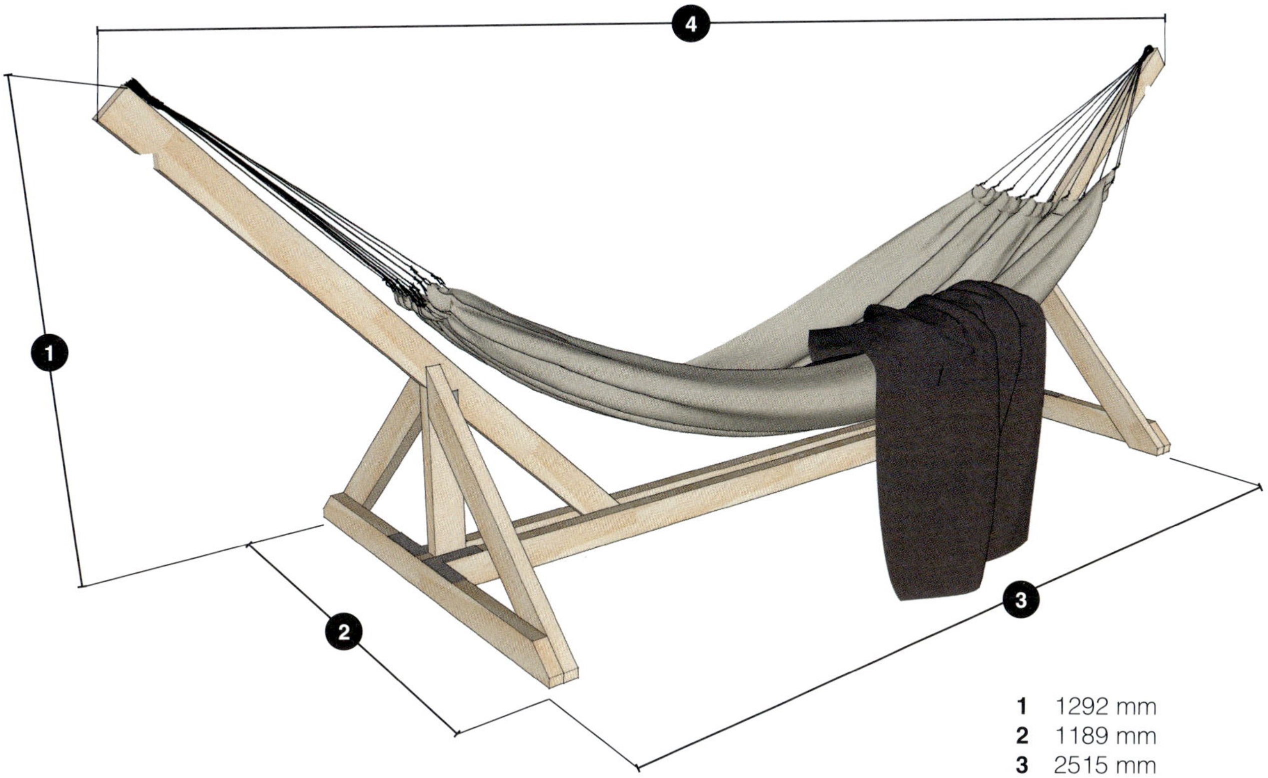

1 1292 mm
2 1189 mm
3 2515 mm
4 3804 mm

1 Fuß
2 1189 mm
3 547 mm
4 vertikale Strebe
5 Winkelstrebe
6 25 mm

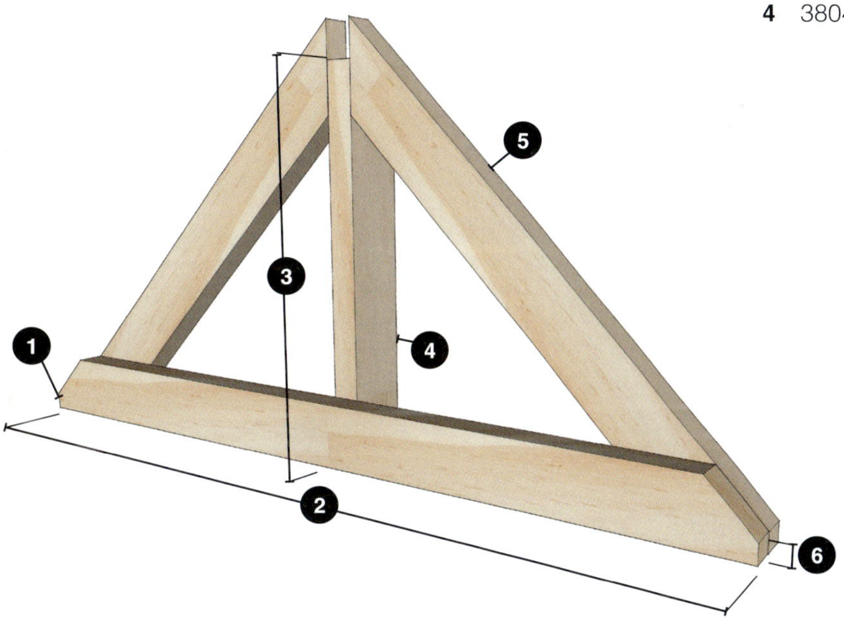

1 Beginnen Sie mit dem Aufbau der Trägerkonstruktionen an jedem Ende des Hängemattenständers. Jede von ihnen besteht aus einem waagerechten Fuß, zwei Winkelstreben und einer vertikalen Strebe. Sie sind gar nicht so kompliziert aufzubauen, wie sie aussehen mögen, allerdings gibt es einen Knackpunkt: Alle 45°-Schnitte werden am besten mit der Kreissäge oder mit einer Gehrungssäge ausgeführt. Letztlich hängt die Stabilität des Hängemattenständers von der Exaktheit dieser Schnitte ab. Aber keine Sorge, dabei geht es nur um akkurates Abmessen und Anzeichnen der Schnittlinien. Nehmen Sie sich Zeit und folgen Sie den hier gezeigten Arbeitsschritten für die besten Ergebnisse. Schneiden Sie zuerst die Füße auf ihre Länge zu, mit einem Gehrungswinkel von 45° am Ende. Schneiden Sie dann die Vertikalstrebe mit einem 45°-Winkel an einem Ende zu. Bei der Montage an der Innenseite des Fußes muss die Unterkante dieser Strebe auf einer Linie mit der Unterseite des Fußes liegen.

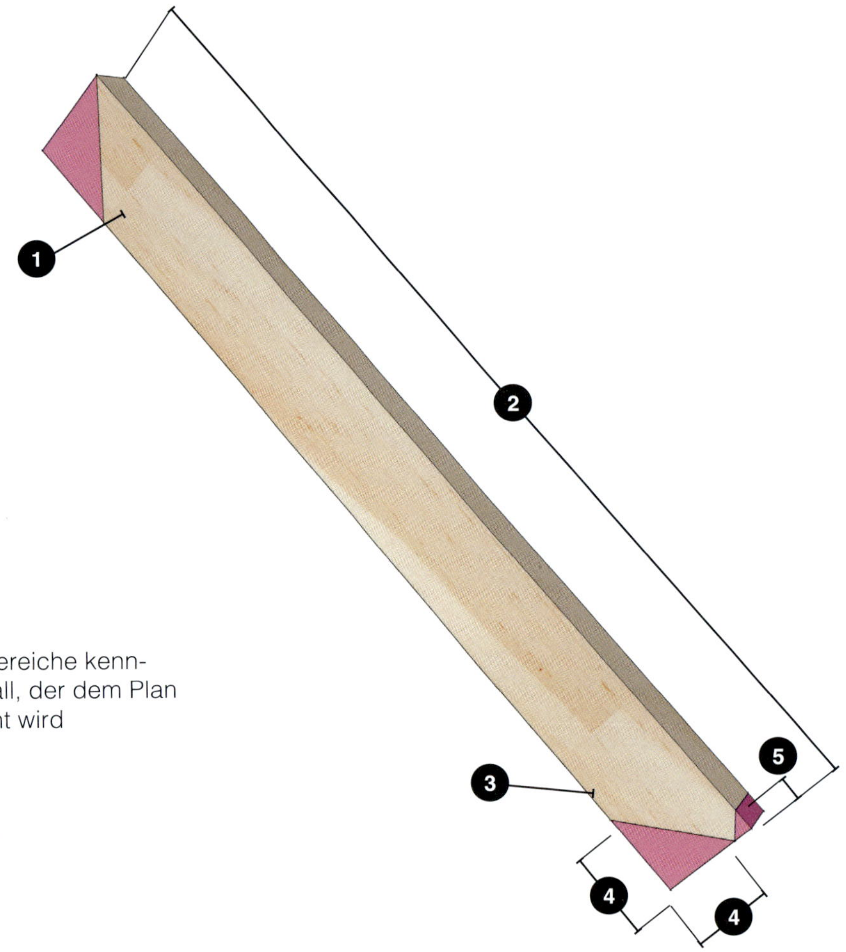

Eingefärbte Bereiche kennzeichnen Abfall, der dem Plan gemäß entfernt wird

1 Oberseite
2 834 mm
3 Unterseite
4 70 mm
5 19 mm

2 Schneiden Sie die vier Winkelstreben zu wie in der Abbildung gezeigt, noch bevor Sie mit dem Aufbau beginnen. Nach dem Zuschnitt auf die endgültige Länge ist es ratsam, die Winkelstreben aufzulegen, solange die Enden noch quadratisch sind. Dann können Sie das überschüssige Holz mit einer Säge abschneiden.

> **TIPP**
> Eine robuste, flache Arbeitsfläche ist eine große Hilfe bei der Montage. Ein zusätzliches Paar helfender Hände kann auch nicht schaden.

3 Verbinden Sie die Winkelstreben und die vertikale Strebe mit der Innenseite des Fußes und befestigen Sie sie mit einer einzigen 80-mm-Schraube, damit Sie sie später zum rechtwinkligen Ausrichten noch adjustieren können.

4 Achten Sie darauf, dass die vertikale Strebe im rechten Winkel zum Fuß steht, und montieren Sie die Winkelstreben mit 60-mm-Schrauben am Fuß.

5 Versuchen Sie, oben an der vertikalen Strebe feste Verbindungen ohne Lücken herzustellen. (Sie müssen die Streben oben noch nicht anschrauben.)

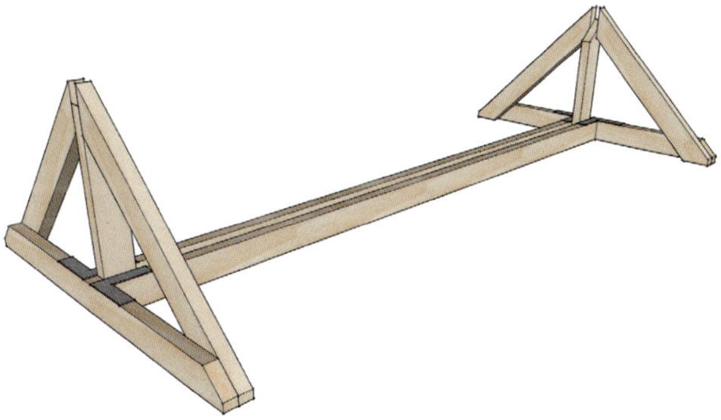

6 Bringen Sie die beiden Endaufbauten auf einer geraden Oberfläche an dem Bretterpaar (2440 mm) an, das die Basis bildet. Das ist ein bisschen knifflig, und Sie brauchen einen Helfer, der alles festhält, während Sie die Verbindungen schrauben. Hier ist es entscheidend, sicherzustellen, dass die vertikale Strebe und der Fuß in allen Richtungen im rechten Winkel zur Basis liegen.

7 Befestigen Sie den Endaufbau mit 80-mm-Schrauben von beiden Seiten an dem Bretterpaar, das die Basis bildet. Es ist außerdem ratsam, von außen ein paar Schrauben in das Hirnholz eines jeden Basisbretts zu drehen.

1 100 mm
2 Kerbe, 25 mm tief
3 Unterseite des Arms entlang der Basis ausrichten, bis die Verbindung fest ist; Arm dann mit Schrauben, einer Schlossschraube, Beilagscheibe und Mutter an Basis montieren
4 Flachwinkel
5 45°-Schnitt
6 Teile entfernt, um Arme zu zeigen
7 Flachverbinder

8 Die letzten Teile, die noch hinzugefügt werden müssen, sind zwei lange, abgewinkelte Arme, die die Hängematte tragen. Schneiden Sie diese nach dem Längenzuschnitt jeweils an der Unterseite auf Gehrung (45°). Damit das Seil der Hängematte nicht durchrutscht, sägen Sie mit der Handsäge am oberen Ende eine kleine Kerbe ein.

9 Wenn Sie den Arm zwischen den beiden Kanthölzern an der Basis anbringen, sollten Sie einen Helfer haben, der die Verbindung im Auge behält, wo der Arm auf der vertikalen Strebe zu liegen kommt. Dies ist eine essenziell wichtige Verbindung! Sie sollten den Arm so ausrichten, dass er vollständig, fest und lückenlos aufliegt. Ist diese Position einmal verankert, sollte die Unterseite des Arms bündig mit der Unterseite des Grundaufbaus sein. Sind diese Voraussetzungen gegeben, können Sie von jeder Seite ein paar 80-mm-Schrauben eindrehen, um den Unterteil des Arms zu befestigen.

10 Nachdem Sie die Unterseite des Arms an der Basis festgeschraubt haben, bohren Sie ein Loch für eine Schlossschraube (8 x 130 mm) und bringen Sie sie mit Beilagscheibe und Mutter an. Eine Zwinge hilft, alle Teile an ihrem Platz zu halten, während Sie sie durchbohren.

11 Montieren Sie den Flachverbinder an beiden Seiten des Arms mit den Scheibenkopfschrauben (4 x 30 mm), um den Arm oben an der vertikalen Strebe zu befestigen. Befestigen Sie die Winkelstreben mit 80-mm-Schrauben, wobei die Außenseite bündig mit der Innenkante der vertikalen Strebe zu liegen kommt.

12 Um die Stabilität des Hängemattenständers zu erhöhen, montieren Sie an jedes Ende ein Paar Flachwinkel, um den Fuß an der Basis zu befestigen. Binden Sie Ihre Lieblingshängematte an den Armen des Ständers fest und vergewissern Sie sich, dass das Seil an jedem Ende sicher in der Kerbe auf dem Arm zu liegen kommt. Holen Sie sich dann ein gutes Buch und ein kaltes Getränk und schaukeln Sie Ihre Sorgen einfach weg.

Banktruhe

Eine Sitzgelegenheit für draußen, die mit verstecktem Stauraum aufwartet. Dieses Zwei-Funktionen-Möbelstück bedient sich einer gewöhnlichen, in seinem Inneren versteckten Aufbewahrungsbox als Grundlage für die Konstruktion. Der Deckel oder „Sitz“ der Bank lässt sich abnehmen, um an die Box zu gelangen.

BENÖTIGTES HOLZ

1 Latte (19 x 38 x 1830 mm)
7 Latten (19 x 63 x 1830 mm)
5 Bretter (19 x 90 x 1830 mm)
1 Kantholz (38 x 90 x 2440 mm)

BENÖTIGTES MATERIAL

36 Schrauben für Außenbereich (4 x 30 mm)
96 Schrauben für Außenbereich (4 x 40 mm)

ANMERKUNG

Da die Größe der Aufbewahrungsbox die Endabmessungen der Truhe bestimmt, ist es wichtig, sie zum Messen zur Hand zu haben. Die hier gezeigten Abmessungen wurden um die Box herum konstruiert, die ich verwendet habe (Länge: 620 mm x Breite: 430 mm x Tiefe: 240 mm). Außerdem sollten Sie beachten, dass eine bequeme Sitzhöhe zwischen 380 mm und 430 mm liegt. Behalten Sie dies beim Kauf der Aufbewahrungsbox im Hinterkopf.

GESAMTABMESSUNGEN

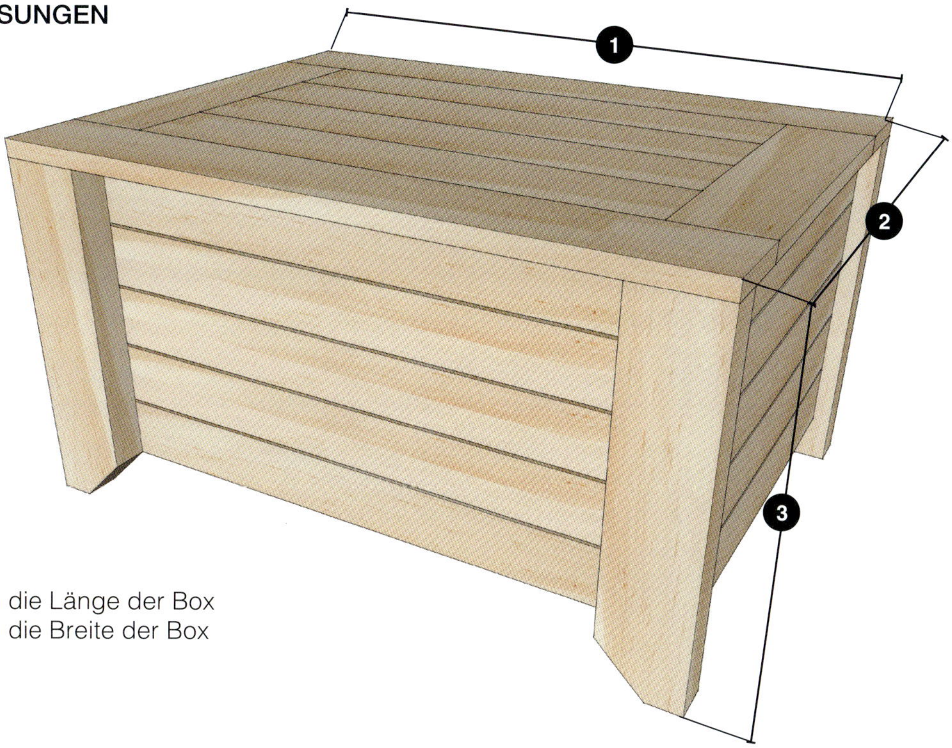

1 bestimmt durch die Länge der Box
2 bestimmt durch die Breite der Box
3 400 mm

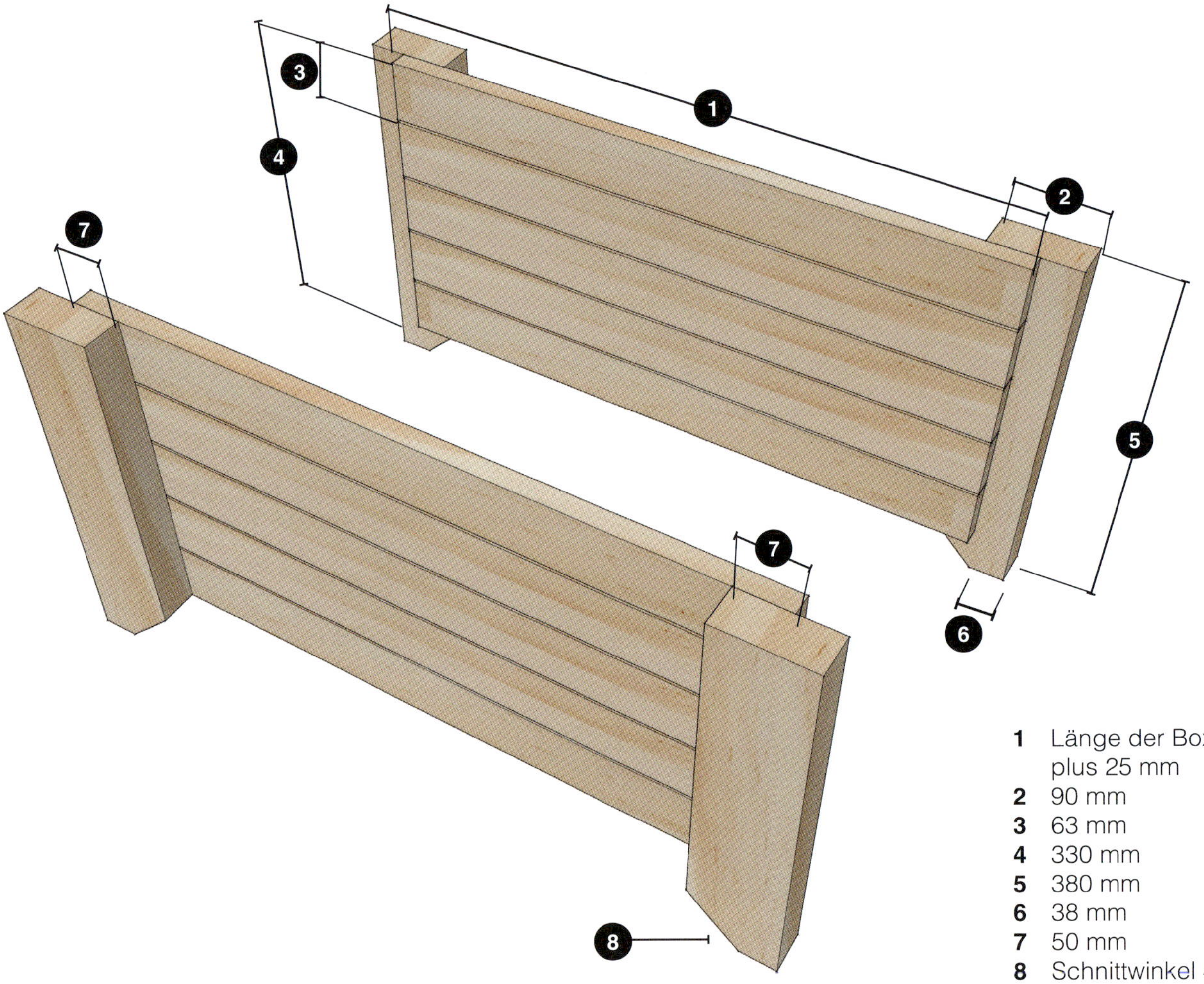

1 Länge der Box plus 25 mm
2 90 mm
3 63 mm
4 330 mm
5 380 mm
6 38 mm
7 50 mm
8 Schnittwinkel 45°

1 Halten Sie die Aufbewahrungsbox bereit, um die Endmaße der Truhe zu bestimmen.

2 Die Banktruhe besteht aus einem vorderen und einem hinteren Bauteil, die jeweils mit horizontalen Latten verbunden sind. Beginnen Sie mit dem Zuschnitt der Beine aus einem Brett (38 x 90 mm) und bringen Sie den 45°-Winkel am unteren Ende an. Schneiden Sie die breiteren Latten (19 x 63 mm) zu.

Entscheiden Sie, welche Seite der Beine am besten aussieht, und legen Sie sie mit dieser Seite nach unten auf die Arbeitsfläche. Die abgewinkelten Schnitte an der Unterseite sollten zueinander zeigen. Die Latten stehen 50 mm über die Beine, markieren Sie also für die Montage eine Linie zur Orientierung. Die oberen und unteren Latten zuerst anbringen, den Rest dann gleichmäßig verteilen.

3 Zeichnen Sie eine Hilfslinie an der Innenseite jedes Beins an, um die Latten während der Montage zu positionieren.

4 Befestigen Sie die Latten mit 40-mm-Schrauben an den Beinen und achten Sie dabei darauf, dass sie im rechten Winkel zu diesen stehen und an deren Hilfslinie ausgerichtet sind.

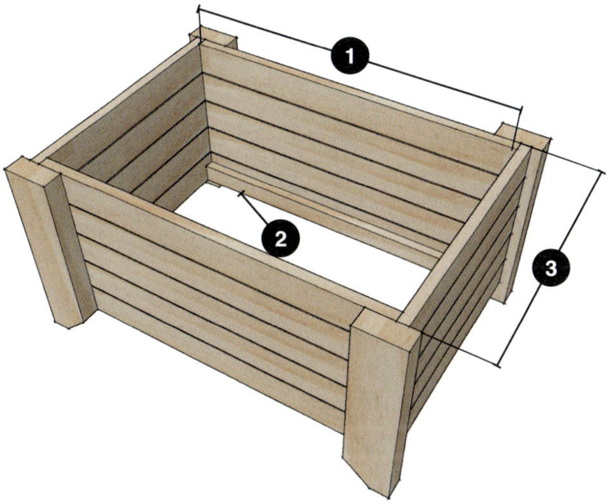

1 Länge der Box plus 25 mm
2 untere Querstrebe
3 Breite der Box plus 25 mm

5 Wenn Sie die Latten für die Seiten der Bank montieren und den vorderen mit dem hinteren Bauteil verbinden, ist es wichtig, die Konstruktion möglichst rechtwinklig zu behalten. Das hilft später beim Anpassen des Deckels. Befestigen Sie an jedem Ende die obere Latte und überprüfen Sie dann erneut die rechten Winkel. Dazu mit einem Winkelmesser an jeder Seite ausmessen, um zu prüfen, welche Adjustierungen notwendig sind. Bringen Sie vorübergehend eine Strebe an, um den Aufbau während der Montage der restlichen Latten rechtwinklig zu halten. Vielleicht ist ein Helfer notwendig, der den Aufbau während des Anbringens der Strebe im rechten Winkel hält.

6 Verbinden Sie die Vorder- und Rückwand mit den zugeschnittenen breiteren Latten (19 x 63 mm), die Sie an den zuvor mit 40-mm-Schrauben montierten Latten ausrichten.

7 Vier weit auseinanderliegende Latten ergeben den Boden der Bank. Um diese an ihrem Platz zu halten, schneiden Sie ein Paar Querstreben entlang der unteren Innenkante zu und montieren diese. Bringen Sie sie entlang der inneren Unterkante vorn und hinten mit 30-mm-Schrauben an. Stellen Sie die Kiste nach der Montage der Querstreben auf und schneiden Sie die vier unteren Bretter (19 x 90 mm) zurecht, die später an den Querstreben befestigt werden.

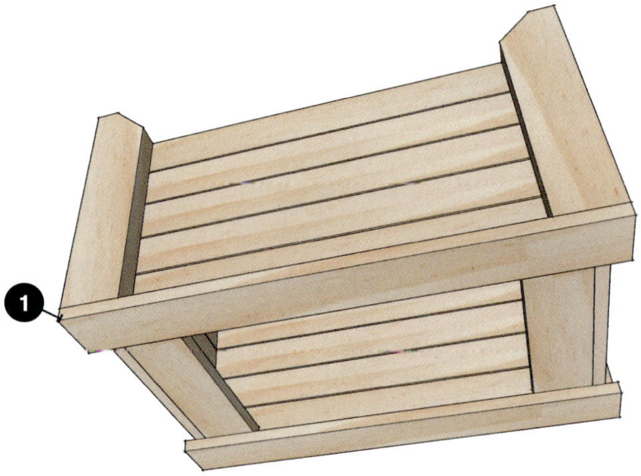

8 Der Deckel der Banktruhe besteht aus einem Rahmen und Brettern mit zwei Streben darunter, die in die Öffnung des Unterbaus passen; alle werden aus den Brettern mit den Maßen 19 x 90 mm zugeschnitten. Bauen Sie den Deckel, *bevor* Sie die Bretter für den Boden anbringen! Dafür die Leisten zuerst so zuschneiden, dass sie in die Öffnung zwischen Vorder- und Rückseite passen. Legen Sie sie etwa 3 mm kürzer an, damit sich der Deckel später leichter einsetzen lässt. Mit dem auf der Arbeitsfläche umgedrehten Unterbau die Leisten an Ort und Stelle bringen.

1 Leisten des Deckels; 3 mm kürzer als der Abstand zwischen Vorder- und Rückwand

9 Schneiden Sie die langen Rahmenbretter des Deckels zu und platzieren Sie sie unter der Querstrebe und dem Unterbau. Dabei die äußeren Ecken an den Ecken der Beine ausrichten.

1 vordere und hintere Rahmenbretter; bündig mit den Außenseiten der Beine zugeschnitten

10 Richten Sie die langen Seiten des Deckelrahmens außen an den Beinen aus.

11 Die Innenansicht zeigt die montierten Deckelrahmenteile und -streben.

12 Um Konstruktion und Platzierung der Deckelkomponenten zu vereinfachen, zeichnen Sie die Positionen der Rahmenstücke an allen vier Ecken an.

13 Markieren Sie die Position der Streben für den Deckel an der Innenseite des Unterbaus auf den Rahmenstücken.

14 Den Unterbau abheben und die Streben mit 30-mm-Schrauben an den Rahmenleisten des Deckels befestigen.

15 Testen Sie, ob Deckel und Grundaufbau zusammenpassen.

16 Schneiden Sie die kurzen Seiten des Rahmens für den Deckel so zu, dass sie zwischen die längeren Teile passen, und montieren Sie sie mit 30-mm-Schrauben.

ANMERKUNG

Beim Befestigen der kurzen Seiten an den Querstreben können Sie diese, wenn Sie möchten, von der Unterseite des Deckels aus so anbringen, dass die Schrauben nicht sichtbar sind. Dies geht auch mit den Brettern, die den Rahmen des Deckels füllen, und ist reine Geschmackssache.

17 Schneiden Sie die Bretter so zu, dass sie zwischen die Enden des Deckelrahmens passen. Lassen Sie, wenn möglich, eine kleine Lücke von mindestens 3 mm zwischen den Brettern. So können sie sich bei wechselnder Luftfeuchtigkeit problemlos ausdehnen und zusammenziehen, ohne den Rahmen zu sprengen. Nun befestigen Sie noch die vier Bodenbretter mit 40-mm-Schrauben.

18 Setzen Sie die Aufbewahrungsbox ein und schließen Sie den Deckel. Einen leicht erreichbaren Ort zum Verstauen von Outdoor-Accessoires zu finden, kann eine Herausforderung darstellen. Jetzt haben Sie eine hübsche Lösung, die niemand in Verdacht haben wird, außer Sie zeigen sie her!

Picknicktisch

Ein traditioneller Picknicktisch ist ein Must-have für Treffen von Familie und Freunden. Der Plan wurde hier ein bisschen vereinfacht, und die „Anti-Kipp-Beine" sorgen für stabiles Sitzen. Der Picknicktisch wird fast zur Gänze aus Bauholz gefertigt und mit Sicherheit Teil vieler Zusammenkünfte im Freien werden.

BENÖTIGTES HOLZ

5 Kanthölzer (38 x 90 x 2440 mm)
9 Kanthölzer (38 x 140 x 2440 mm)
1 Latte (19 x 38 x 610 mm)

BENÖTIGTES MATERIAL

8 Schrauben für Außenbereich (4 x 40 mm)
20 Schrauben für Außenbereich (4 x 60 mm)
48 Schrauben für Außenbereich (4 x 80 mm)
12 Schlossschrauben (8 x 110 mm), Muttern und Beilagscheiben

GESAMTABMESSUNGEN

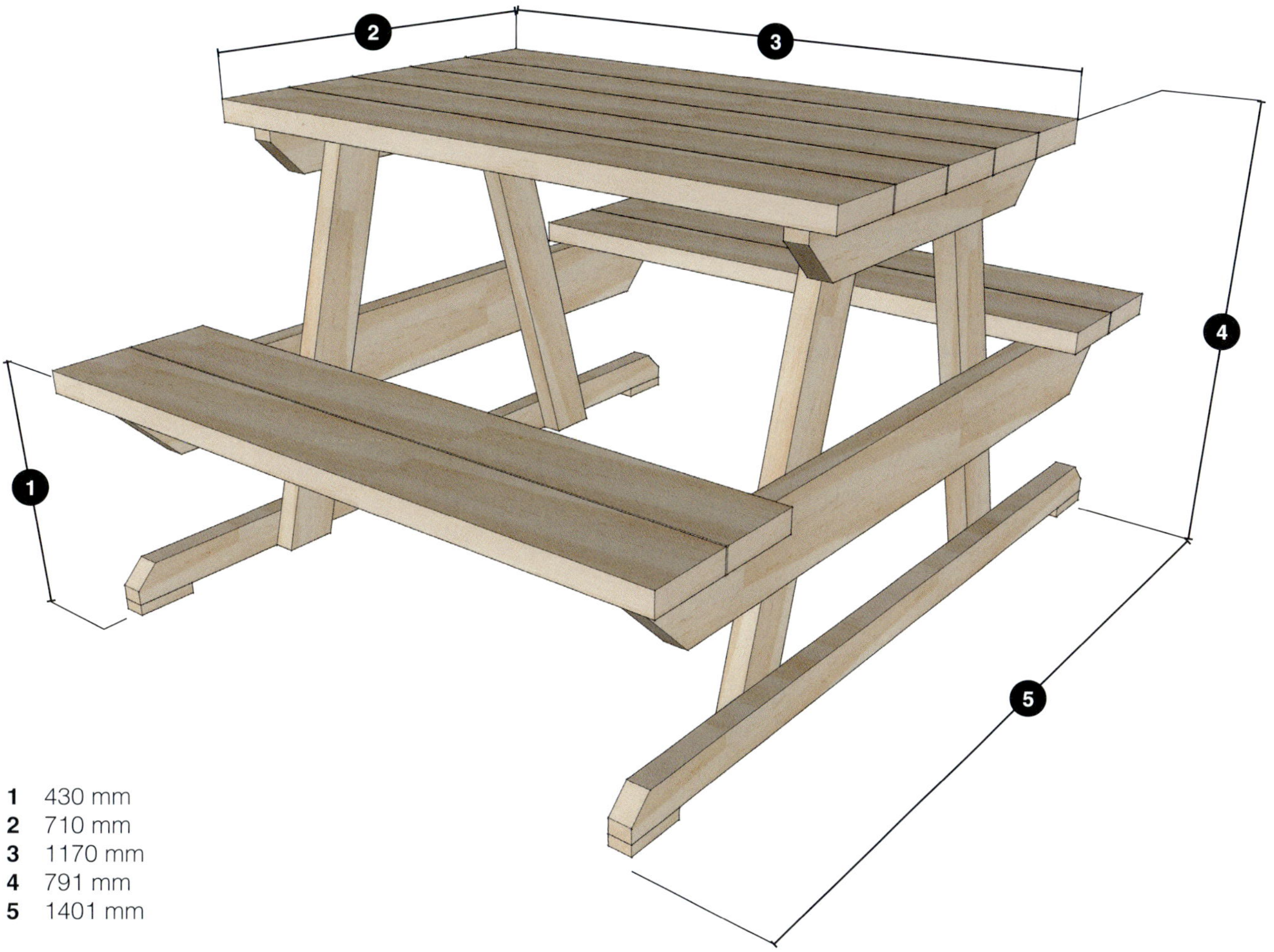

1 430 mm
2 710 mm
3 1170 mm
4 791 mm
5 1401 mm

1 Um den Picknicktisch zu bauen, fertigen Sie zwei Baugruppen mit je einem Beinpaar, einer oberen Querstrebe, der Sitzflächenverstrebung und dem Fuß an. Diese beiden Baugruppen werden durch eine Traverse verbunden und mit Brettern für die Sitzflächen und die Tischplatte vervollständigt. Beginnen Sie mit dem Zuschnitt der vier Beine aus dem Kantholz (38 x 90 mm), wie abgebildet. Die rot markierten Bereiche zeigen die Winkel, die nach dem Längenzuschnitt des Beins abgeschnitten werden müssen.

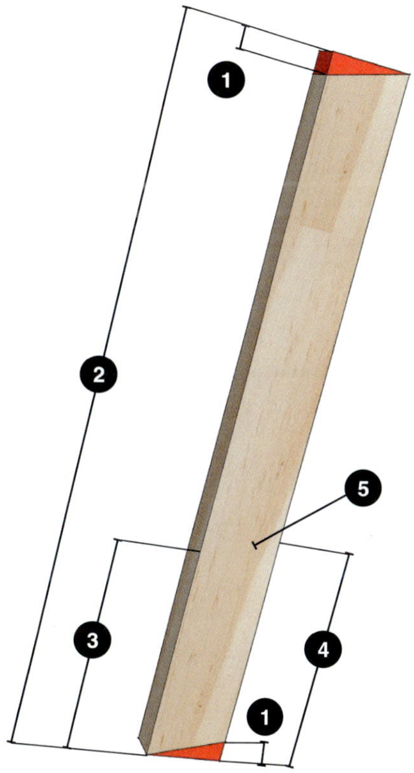

Die gefärbten Bereiche markieren Holzreste, die entfernt werden müssen.

1 25 mm
2 785 mm
3 246 mm
4 267 mm
5 Unterseite des Sitzflächenträgers an dieser Linie festlegen

2 Um mit der Konstruktion zu beginnen, legen Sie die Beine flach auf die Arbeitsfläche und suchen Sie sich die Sitzflächenverstrebung, zentrieren sie mittig an den Beinen und richten sie an den zuvor markierten Stellen aus. Nehmen Sie sich hier die Zeit, die Position der Sitzflächenverstrebung auszumessen und zu markieren. Schneiden Sie diese aus dem Kantholz (38 x 140 mm) zu, dann sägen Sie an jedem Ende der Unterkante einen Gehrungswinkel von 45°. Bringen Sie nun an jeder Verbindung, an der die Verstrebung auf die Beine trifft, eine 60-mm-Schraube an. So können Sie die Beine noch drehen, um ihre Unterseiten flach an der Arbeitsfläche auszurichten. Dann können Sie eine zusätzliche Schraube anbringen, um die Verstrebung an den Beinen zu fixieren.

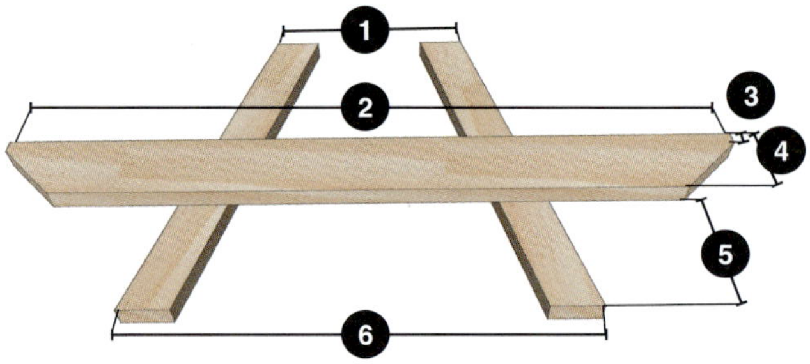

1 415 mm
2 1401 mm
3 25 mm
4 140 mm
5 235 mm
6 815 mm

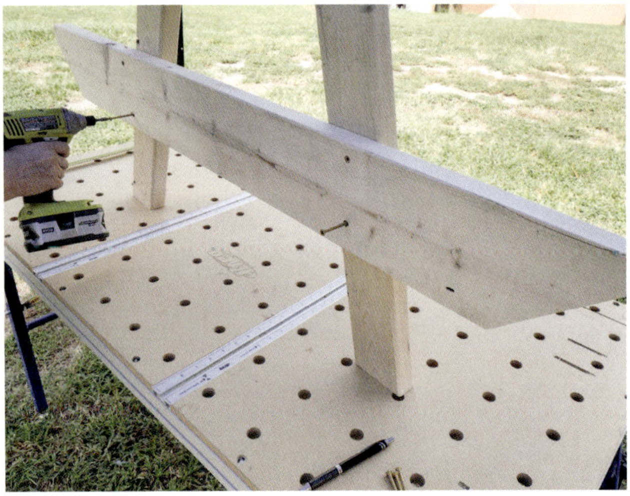

3 Nachdem Sie den Trägerbalken für den Sitz an den Beinen mit nur einer Schraube befestigt haben, suchen Sie sich einen Helfer, um die Baugruppe auf eine gerade Oberfläche zu stellen und dabei sicherzustellen, dass die Beine gerade aufliegen. Bringen Sie dann eine zusätzliche Schraube an, um den Trägerbalken für die Sitzfläche zu befestigen.

4 Längen Sie die beiden oberen Querstreben aus dem Kantholz (38 x 90 mm) ab und schneiden Sie die Ecken an der Unterseite mit 45°-Winkeln zu.

1 670 mm
2 25 mm
3 90 mm

5 Richten Sie den oberen Träger mittig an den Beinen und in einer Linie mit der Oberkante der Beine aus und fixieren Sie ihn mit 60-mm-Schrauben.

1 990 mm

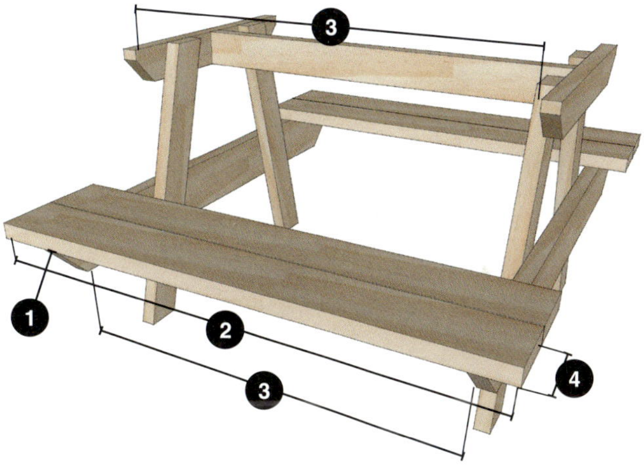

6 Die beiden Endbauteile kopfüber auf eine flache Oberfläche stellen. Schneiden Sie die Traverse aus dem Bauholz (38 x 90 mm) auf die richtige Länge zu und montieren Sie sie mit 80-mm-Schrauben. Dabei darauf achten, dass sie im rechten Winkel zu den Bauteilen liegt.

7 Suchen Sie nach einem Paar helfender Hände, um die Konstruktion auf einer geraden Oberfläche mit der richtigen Seite nach oben aufzustellen. Die Bretter (38 x 140 mm) für den Tisch und die Sitzfläche zuschneiden. Vor der Montage an die Trägerstreben messen Sie den Abstand zwischen den Beinaufbauten oben und unten ab. Dies hilft dabei, sicherzugehen, dass der Aufbau bei der Montage der Bretter rechtwinklig ist. Kontrollieren Sie diese Abmessung während dieses Arbeitsschrittes immer wieder nach.

1 38 mm Überstand
2 1170 mm
3 990 mm
4 140 mm

8 Befestigen Sie die Bretter für die Sitzfläche mit 80-mm-Schrauben. Versetzen Sie die äußere Schraube am äußersten Brett, damit sie nicht durch den abgewinkelten Teil des Trägers herausragt. Lassen Sie mindestens 3 mm Platz zwischen den Brettern.

1 140 mm
2 1170 mm
3 25 mm Überstand

9 Montieren Sie das mittlere Brett für die Tischfläche zuerst mit 80-mm-Schrauben.

10 Benutzen Sie 80-mm-Schrauben als Abstandhalter, um die restlichen Bretter auszurichten.

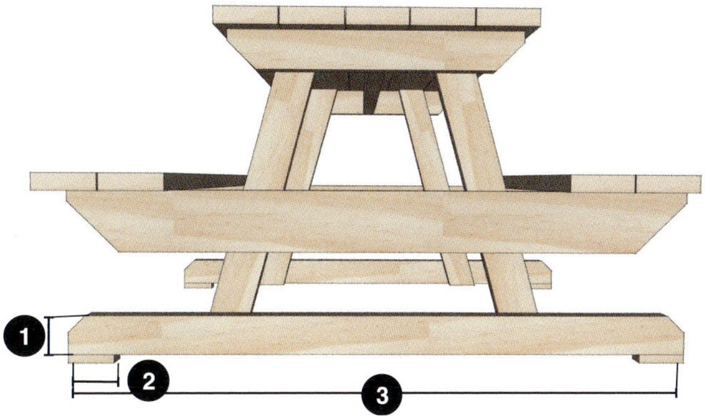

11 Vermeiden Sie bei der Positionierung der äußeren Schrauben, dass diese aus dem abgewinkelt zugeschnittenen Teil der Querstrebe herauskommen.

12 Der Tisch sieht schon fertig aus, doch um für mehr Stabilität zu sorgen, bringen Sie an seinen Enden jeweils einen aus Kantholz (38 x 90 mm) zugeschnittenen Fuß an.

1 90 mm
2 100 mm
3 1401 mm

13 Legen Sie den Tisch auf die Seite, um den Fuß leichter montieren zu können.

14 Um den Aufbau noch zusätzlich zu verstärken, bohren Sie bei allen Verbindungen 8-mm-Löcher und bringen Schlossschrauben mit je einer Beilagscheibe und einer Mutter an. Montieren Sie je zwei Schlossschrauben dort, wo der Trägerbalken für die Sitzfläche an den Beinen befestigt wird.

15 Montieren Sie je einen aus einer Latte (19 x 38 mm) zugeschnittenen Block mit 40-mm-Schrauben an jedem Fußende.

16 Sind Füße und Blöcke an ihrem Platz und alle Schlossschrauben angebracht, legen Sie den Tisch auf die andere Seite und wiederholen den Vorgang. Jetzt wird Ihr Picknicktisch definitiv ein zentraler Punkt für Essen und Gespräche bei Ihrer nächsten Party!

Hollywoodschaukel

Eine traditionelle Hollywoodschaukel lädt Jung und Alt gleichermaßen ein, sich zu setzen und zu entspannen. Die sanfte Bewegung vor und zurück hat eine beruhigende, beinahe schon hypnotische Wirkung. Die Schaukel besteht aus einem Rahmen für den Sitz mit einer vertikalen Stütze an jeder Ecke. Eine Armlehne verbindet die Oberseiten dieser Stützen an jedem Ende. Der Rahmen für die Rückenlehne wird mit dem Sitzrahmen und dem Armlehnenaufbau verbunden. Stellen Sie die Schaukel mit Latten für Sitz- und Rückenfläche fertig, bringen Sie die Kleinteile zum Aufhängen an der Kette an, und schon bald können Sie sich in den Schlaf schaukeln.

BENÖTIGTES HOLZ

3 Latten (19 x 38 x 1830 mm)
4 Latten (19 x 63 x 1830 mm)
5 Bretter (19 x 90 x 1830 mm)
1 Brett (19 x 140 x 1830 mm)
1 Kantholz (38 x 90 x 2440 mm)

BENÖTIGTES MATERIAL

22 Schrauben für Außenbereich (4 x 40 mm)
44 Schrauben für Außenbereich (4 x 50 mm)
4 Ringschrauben (8 x 130 mm)
Terrassenschaukel-Kit mit Ketten und S-Haken

GESAMTABMESSUNGEN

1 495 mm
2 504 mm
3 1245 mm

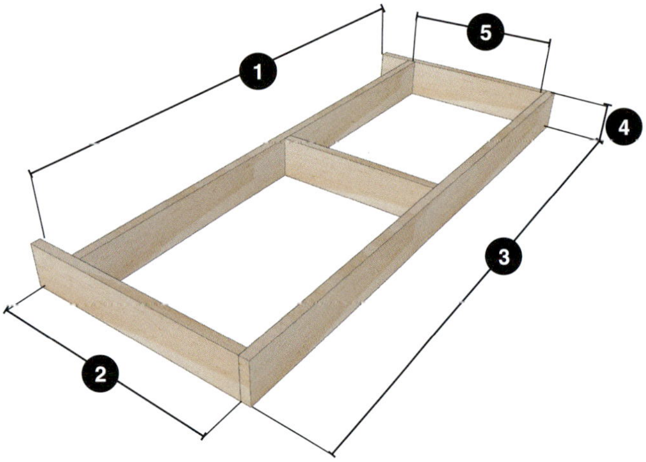

1 Beginnen Sie mit dem Bau des Sitzrahmens. Er dient als Basis für den Rest der Schaukelkonstruktion.

1 1132 mm
2 452 mm
3 1170 mm
4 90 mm
5 355 mm

2 Nach dem Längenzuschnitt der Teile für den Sitzrahmen aus den Brettern (19 x 90 mm) montieren Sie diese mit 50-mm-Schrauben. Richten Sie die innere Querstrebe mittig zwischen den beiden Rahmenseiten aus.

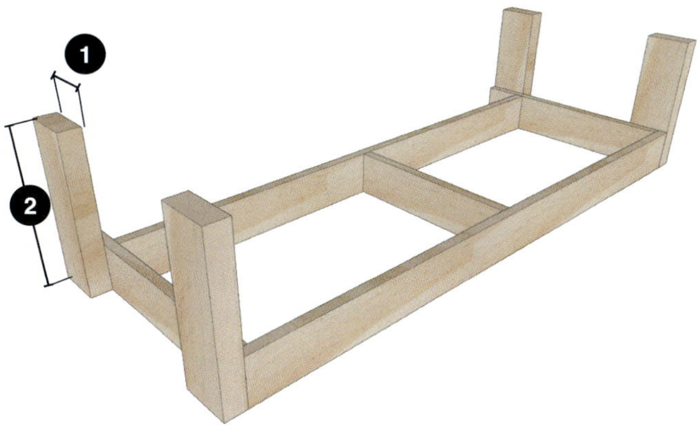

1 90 mm
2 296 mm

3 Schneiden Sie die vier vertikalen Pfosten aus dem Kantholz (38 x 90 mm) auf die richtige Länge zu. Montieren Sie sie mit 50-mm-Schrauben außen am Sitzrahmen. Achten Sie darauf, dass sich die Pfosten im rechten Winkel zum Rahmen und bündig mit den Vorder- und Hinterkanten des Rahmens befinden.

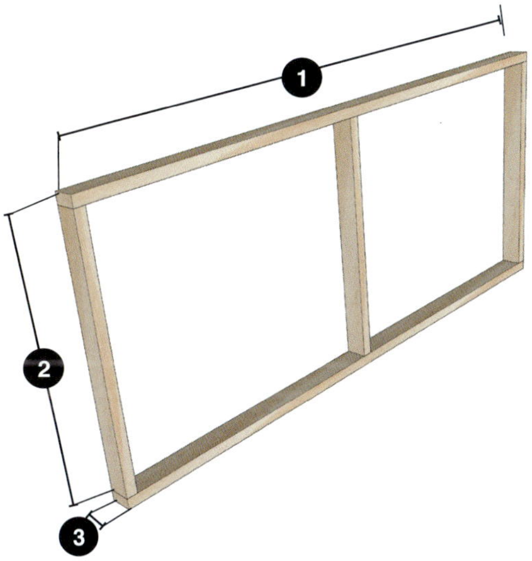

1 1132 mm
2 449 mm
3 38 mm

4 Um den Rahmen für die Rückenlehne zu bauen, schneiden Sie die Streben für den Unterbau aus den Latten (19 x 38 mm) zu. Folgen Sie den gleichen Arbeitsschritten und verwenden Sie die gleiche Schraubengröße wie beim Sitzrahmen.

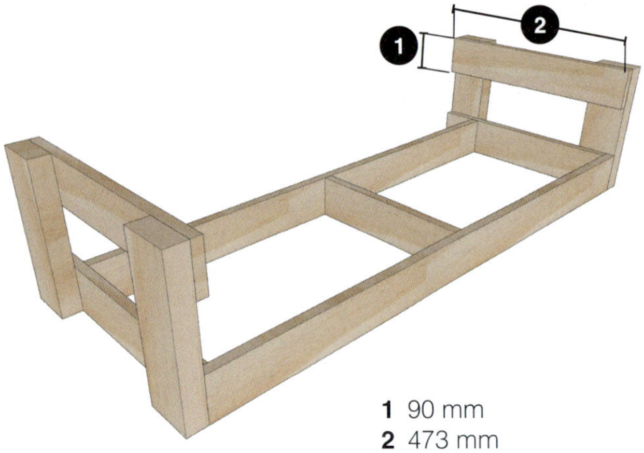

1 90 mm
2 473 mm

5 Schneiden Sie die Stützen für die Armlehnen aus den Brettern (19 x 90 mm) zu. Montieren Sie sie mit 50-mm-Schrauben an der Innenseite der vertikalen Pfosten.

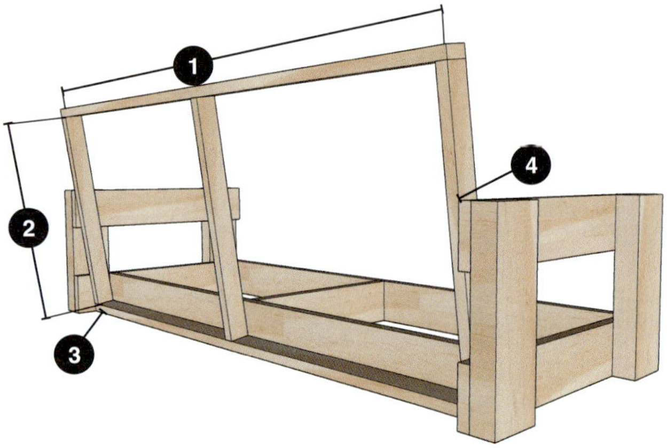

6 Der Rahmen für den Rücken wird an der Innenseite mit dem Rahmen für die Sitzfläche verbunden. Ebenso ist er mit den Pfosten für die Armlehne verbunden. Der Rahmen für die Rückenlehne liegt eng an der hinteren Leiste des Sitzrahmens an, wobei seine Seiten an der hinteren Ecke der Armstütze ausgerichtet werden.

1 1132 mm
2 449 mm
3 hinterer Rahmen bündig mit Unterseite des Rahmens für die Sitzfläche
4 hinterer Rahmen an der oberen Ecke der Armlehne ausgerichtet

7 Die Schaukel hängt an Ketten, die an jeder Ecke des Sitzrahmens mit Ringschrauben (8 mm) befestigt werden. Um eine stabile Rückenlehne zu erhalten, stellen Sie sicher, dass diese unten an der Rückenlehne so positioniert wird, dass sie nahe der Mitte der Rahmenseite entlangführt.

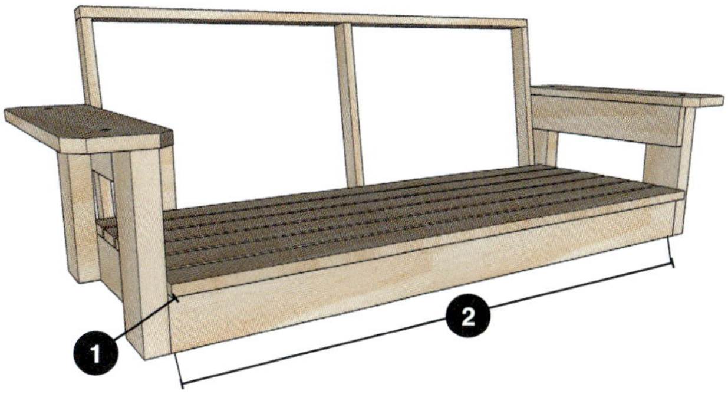

1 19 mm Überstand
2 alle Latten (19 x 63 mm) so zuschneiden, dass sie bündig mit dem Sitzrahmen liegen

8 Bohren Sie ein Loch mittig in die Breiten des vertikalen Pfostens und des Sitzflächenrahmens. Montieren Sie, wie gezeigt, horizontal eine Ringschraube und befestigen Sie sie mit einer Beilagscheibe und einer Mutter.

TIPP

Die Ringschraube unten am Rahmen für die Rückenlehne führt knapp am Mittelpunkt des Seitenrahmens vorbei. Dieses Loch durch die Rahmen der Rückenlehne und der Sitzfläche sowie den vertikalen Pfosten lässt sich wohl am leichtesten von innen bohren.

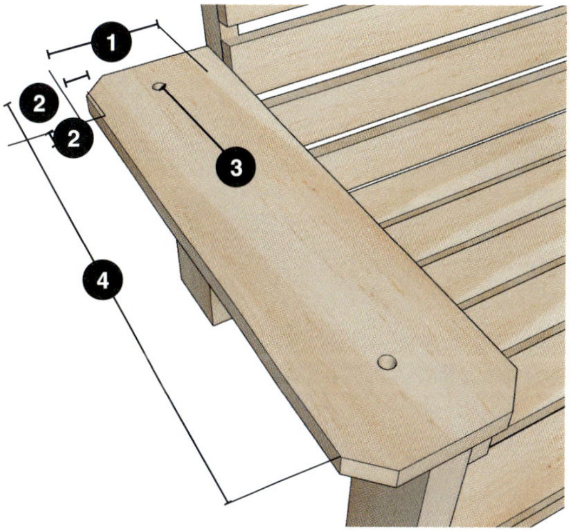

1 140 mm
2 25 mm
3 19 mm Durchmesser
4 504 mm

9 Montieren Sie die vordere Latte mit einem Überstand von 19 mm. Ein Holzrest dient als praktische Orientierungshilfe. Bringen Sie die hintere Latte dicht am Rahmen für die Rückenlehne an und verteilen Sie die restlichen Latten dann gleichmäßig.

ANMERKUNG

Montieren Sie die Arme (siehe Schritt 10), bevor Sie die Löcher für die Ketten bohren (siehe Schritt 15).

10 Schneiden Sie die Arme aus den Brettern (19 x 140 mm) zu. Bevor Sie die Löcher bohren, durch die die Ketten führen, montieren Sie die Arme mit 50-mm-Schrauben; dabei die Innenkante bündig mit der Armlehne ausrichten.

11 Richten Sie den Rahmen für die Rückenlehne an der oberen Ecke des Arms aus, bohren Sie ein 8 mm großes Loch mittig in den Rahmen und die Armlehne, dann bringen Sie eine Schlossschraube mit Beilagscheibe und Mutter an.

1 63 mm
2 alle Latten (19 x 63 mm) so zuschneiden, dass sie bündig mit dem Sitzrahmen liegen

12 Beim Anbringen der Latten für die Rückenlehne lassen Sie bei der unteren Latte von der Sitzfläche aus gemessen einen Abstand von 19 mm und montieren die oberste Latte bündig mit der Oberkante des Rahmens. Die restlichen Latten gleichmäßig verteilen.

13 Die Ketten für die Schaukel werden mithilfe von S-Haken mit den Ringen verbunden und verlaufen durch die Löcher in den Armlehnen. Diese müssen mittig über den Ringschrauben ausgerichtet sein. Messen und notieren Sie die horizontale Position der Ringschrauben, indem Sie das Maßband von der Rückseite des hinteren Pfostens aus anlegen. Übertragen Sie diese Maße auf die Oberseite der Armlehne. Messen Sie an der Armlehne von innen aus bis zur Mitte der Ringschraube und übertragen Sie diese Positionen auf die Oberseite der Armlehne.

14 Nachdem Sie festgelegt haben, wo die Lochpaare in jeder Armlehne sein sollen, damit sie über den Ringschrauben liegen, bohren Sie 19 mm große Löcher hinein.

15 Führen Sie die Ketten durch die Löcher in den Armen.

16 Bringen Sie S-Haken an den Ringschrauben und der Kette an. Wenn es darum geht, die Schaukel aufzuhängen, haben Sie ein paar Optionen: Sie können einen frei stehenden Schaukelrahmen für Ihren Garten kaufen oder bauen. Oder Sie können die Schaukel an der Decke Ihrer Veranda montieren. In beiden Fällen müssen Sie sicherstellen, dass die verwendeten Befestigungsmethoden und -materialien das volle Gewicht der Schaukel und ihrer Benutzer tragen können. Wenn es auch nur einen Zweifel bei der sicheren Anbringung gibt, kontaktieren Sie ein zugelassenes Unternehmen, um Ihnen zu helfen. Alles, was es für Sie jetzt noch zu tun gilt, ist, ein paar Dekokissen zu schnappen, Ihre Schuhe auszuziehen und sich von der sanften Bewegung der Schaukel an einen friedlichen Ort tragen zu lassen.

Adirondack-Sessel

Diese Art Outdoor-Sessel gibt es schon seit Jahrzehnten, und das aus gutem Grund. Es lässt sich so bequem darin sitzen, dass man nie mehr aufstehen möchte. Auf den ersten Blick denken Sie vielleicht, dass der Bau dieses Sessels alles, nur nicht einfach ist. Doch Sie müssen bloß einen Schritt nach dem anderen machen, und am Ende haben Sie einen Sessel, der schon bald Ihr Lieblingsstück werden wird.

BENÖTIGTES HOLZ

2 Latten (19 x 63 x 1830 mm)
6 Bretter (19 x 90 x 1830 mm)
2 Bretter (19 x 140 x 1830 mm)
2 Kanthölzer (38 x 90 x 2440 mm)

BENÖTIGTES MATERIAL

8 Schrauben für Außenbereich (4 x 30 mm)
35 Schrauben für Außenbereich (4 x 40 mm)
24 Schrauben für Außenbereich (4 x 50 mm)
6 Schrauben für Außenbereich (4 x 80 mm)
4 Schlossschrauben (8 x 50 mm) mit flachen Beilagscheiben und Sechskantmuttern
4 Schlossschrauben (8 x 80 mm) mit flachen Beilagscheiben und Sechskantmuttern
2 Schlossschrauben (8 x 100 mm) mit flachen Beilagscheiben und Sechskantmuttern

GESAMTABMESSUNGEN

1 697 mm
2 975 mm
3 937 mm

AUSSENSEITE DER LEISTE

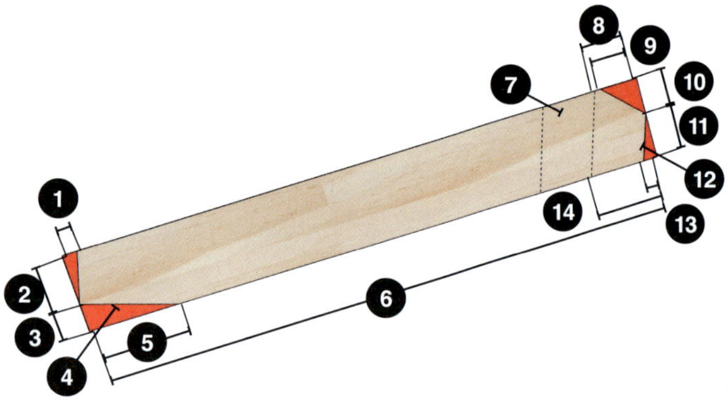

Die gefärbten Bereiche markieren Holzreste, die entfernt werden müssen.

1	30 mm	**8**	72 mm
2	90 mm	**9**	63 mm
3	50 mm	**10**	63 mm
4	Unterseite	**11**	75 mm
5	165 mm	**12**	Vorderseite
6	1027 mm	**13**	22 mm
7	Position Vorderbein	**14**	116 mm

INNENSEITE DER LEISTE

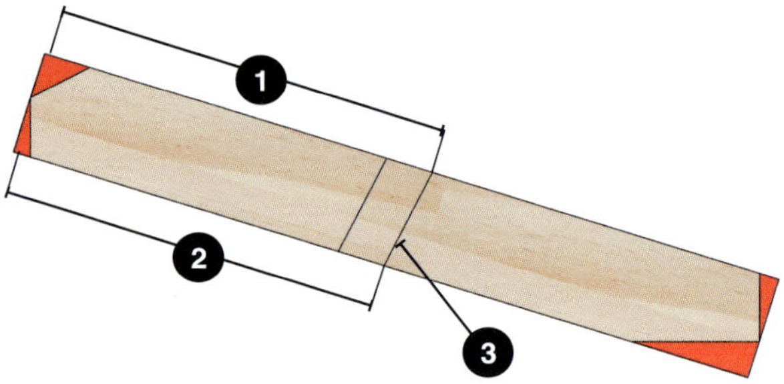

1 545 mm
2 520 mm
3 Neigung für Rückseite der Rückenlehne

1 Der herausforderndste Teil beim Bau des Sessels ist der Zuschnitt der beiden abgewinkelten Seitenleisten. Am leichtesten gelingt das, wenn Sie sie zuerst aus den Brettern (19 x 140 mm) auf ihre Endlänge (1027 mm) zuschneiden. An der Außenseite der Leiste markieren Sie die Position des Vorderbeins, an der Innenseite die Position der Rückenlehne. Denken Sie daran, dass die beiden Seitenleisten spiegelverkehrt zueinander sein müssen. Legen Sie sie auf und zeichnen Sie alle Schnitte an, um überschüssiges Holz (in Rot gezeigt) zu entfernen.

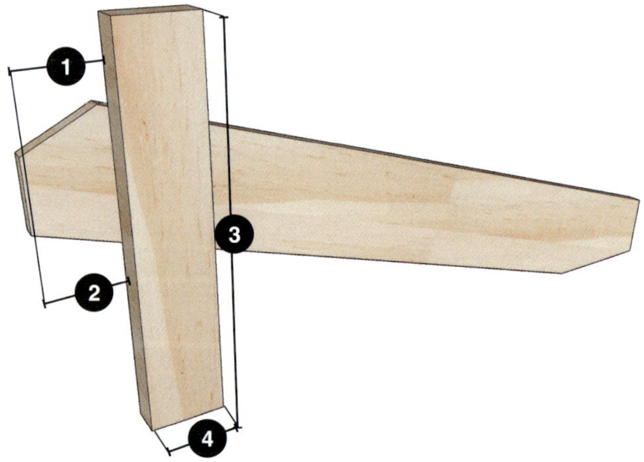

1 90 mm
2 90 mm
3 460 mm
4 90 mm

2 Schneiden Sie das vordere Beinpaar aus dem Kantholz (38 x 90 mm) zu. Montieren Sie das zuvor an der markierten Stelle ausgerichtete Vorderbein mit einer einzigen 50-mm-Schraube an der Seitenleiste.

3 Vergewissern Sie sich, dass die Unterkante der Seitenleiste und die Unterseite des Vorderbeins gerade auf der Arbeitsfläche aufliegen, und bringen Sie dann eine zweite Schraube an, um die Leiste an dem Bein zu befestigen.

4 Sind die beiden Beinkonstruktionen fertiggestellt, können Sie Ihre Aufmerksamkeit dem Aufbau des Rahmens für die Rückenlehne widmen.

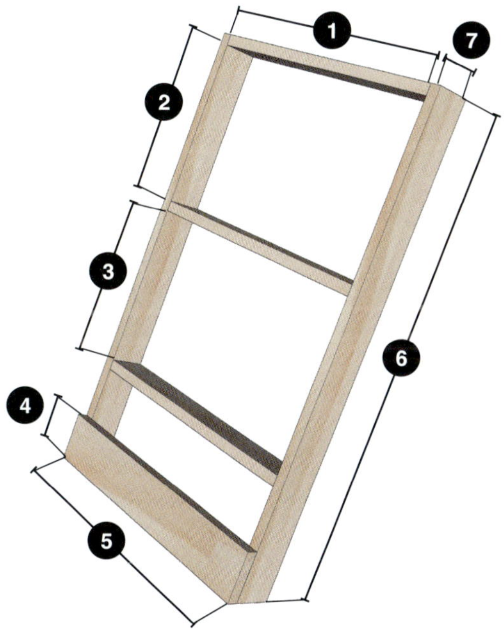

1 485 mm
2 296 mm
3 296 mm
4 90 mm
5 522 mm
6 843 mm
7 63 mm

5 Bauen Sie den Rahmen für die Rückenlehne mit 50-mm-Schrauben zusammen und achten Sie dabei darauf, dass überall rechte Winkel vorliegen.

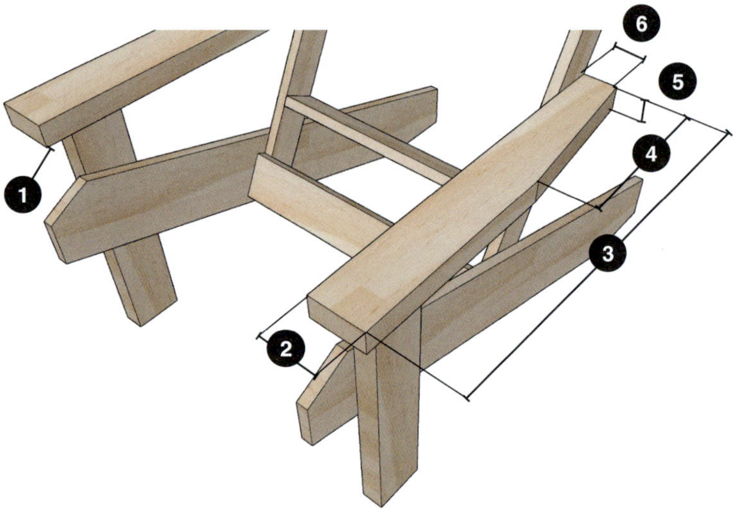

6 Nutzen Sie die Hilfslinien, die Sie zuvor beim Zuschnitt der Seitenleisten angezeichnet haben, bringen Sie den Rahmen für die Rückenlehne in Position und befestigen Sie ihn mit 30-mm-Schrauben. Bringen Sie die Beinkonstruktion auf der anderen Seite mit der Hilfe eines Freundes auf die gleiche Weise an. Um oben einen Ankerpunkt für die Rückenlehne zu bekommen, bauen Sie als Nächstes die Arme.

1 50 mm Überstand
2 90 mm
3 604 mm
4 261 mm
5 38 mm
6 55 mm

7 Positionieren Sie die Armlehnen auf den Vorderbeinen mit 19 mm Überstand auf der Innenseite und 50 mm Überstand am vorderen Ende der Lehne. Montieren Sie sie mit einer 80-mm-Schraube am Vorderbein.

8 Bringen Sie den Rahmen für die Rückenlehne bis zur Befestigung der Bretter für die Sitzfläche mit 50-mm-Schrauben an.

9 Bohren Sie ein 8 mm großes Loch durch den Rahmen für die Rückenlehne und die Armlehne und bringen Sie dann eine Schlossschraube (100 mm) an.

10 Beilagscheibe und Mutter hinzufügen, die Verbindung jedoch noch locker lassen.

1 560 mm
2 90 mm

11 Schneiden Sie die Bretter für die Sitzfläche aus den Brettern (19 x 90 mm) zu. Montieren Sie sie mit 40-mm-Schrauben. Eventuell müssen Sie die Armlehne aus dem Weg nehmen, um leichter heranzukommen. Richten Sie das vordere Brett vorn an der Schräge aus. Passen Sie das hintere Brett eng am Rahmen für die Rückenlehne liegend ein. Die restlichen Bretter gleichmäßig verteilen.

12 Die Schlossschraube, die die Armlehne fixiert, festziehen und die endgültige Montage des Vorderbeins mit ein paar 80-mm-Schrauben vornehmen. Orientieren Sie sich an der Abbildung auf der rechten Seite, um die richtige Ausrichtung des Arms in Bezug auf das Vorderbein vorzunehmen.

13 Je ein Loch für ein Paar Schlossschrauben (80 mm) durch die Vorderbeine und den Rahmen für die Rückenlehne bohren und diese an der Seitenleiste montieren.

14 Fixieren Sie die Rückseite der Seitenleiste mit Schlossschrauben, Beilagscheiben und Muttern.

15 Zu guter Letzt müssen Sie noch die für die Rückenlehne zugeschnittenen Bretter (19 x 90 mm) vertikal anbringen: zuerst die beiden äußeren, dann das mittlere. Die restlichen Latten gleichmäßig verteilen und mit 40-mm-Schrauben befestigen. Lassen Sie einen Abstand von 19 mm zu den Latten der Sitzfläche. Wetten, dass bald die ersten Besucher in diesem Sessel probesitzen, ganz egal, wohin Sie ihn stellen? Wenn Sie dann endlich auch an der Reihe sind, können Sie sich mit einem erfrischenden Getränk zurücklehnen und die Sonne genießen.

1 90 mm
2 760 mm

Über den Autor

Randall „Randy“ Maxey ist Autor, Redakteur und Holzbearbeiter in Vollzeit. Sein verstorbener Vater Riley war Holzbearbeiter und Heimwerker – und sein Vorbild, wenn es um den Grundsatz geht: „Mach es gleich beim ersten Mal richtig!“

Randall produziert Druck-, Web- und Videoinhalte für zahlreiche Werkzeughersteller sowie Veröffentlichungen zum Thema Holzbearbeitung. Unter seinen vorherigen Büchern: *Grundlagen Holzbearbeitung* (erschienen im Leopold Stocker Verlag), *Sharpening: A Woodworker's Guide* und *Outdoor Woodworking Games* (beide erschienen bei GMC Publications).

Wenn er nicht in der Werkstatt ist oder emsig an der Tastatur sitzt, geht Randy gern mit seiner Kamera auf Naturwanderwegen „auf die Jagd“. Und ja, während der Weihnachtszeit spielt er den Weihnachtsmann.

Randy lebt mit seiner Frau Sheryl in Florida.

WIDMUNG

Dieses Buch ist Riley Maxey, meinem verstorbenen Vater, gewidmet.
Wann immer ich ein Werkzeug in die Hand nehme, denke ich an dich, Dad.
Danke, dass du mir beigebracht hast, wie wichtig es ist, gute Arbeit zu leisten.

DANKSAGUNGEN

Ein Buch zu schreiben, ist ein Prozess. Bei diesem Buch begann alles mit einer Idee, die sich dann zu einem Konzept entwickelte. Es folgten Projektentwicklung, Bau der Möbelstücke bei gleichzeitiger Dokumentation jedes Arbeitsschritts mit Fotos und Illustrationen sowie die Abgabe des Manuskripts – und die Bearbeitung. Auf diesem Weg waren bei jedem Schritt zahlreiche Menschen involviert.

Allen voraus gilt meine Dankbarkeit meiner Frau, Sheryl, die mein Handmodel, meine Krankenpflegerin, meine Psychotherapeutin und meine Cheerleaderin war. Sie hat es mit dem Sägemehl aufgenommen, das in unser Haus geschleppt wurde. Sie hatte eine Engelsgeduld, als unser Wohnzimmer zum Lagerraum für Werkzeug, Holz und Werkstücke in verschiedensten Stadien der Fertigstellung wurde. Sie hat ihr Bestes gegeben, um mich während der langen, heißen Tage des Aufbaus und der unzähligen Stunden der Gestaltung von Illustrationen, der Organisation von Fotos und des Schreibens bei gesundem Verstand zu halten.

Mein Sohn Aaron war eine große Hilfe beim Bewegen und Verladen von Möbeln. Auch er sprang als Handmodel bei einem der Projekte ein. Danke, mein Sohn!

Ich danke meinen Freunden Bruce und Candy Thornton, die mir beim Aufbau der Gartenbrücke als „Testlauf" für die Konzipierung der restlichen Projekte assistiert haben. Eure Freundschaft bedeutet mir viel.

Outdoor-Möbel im Hochsommer im Südosten der Vereinigten Staaten zu bauen, ist ein heißes Unterfangen. Unsere Freunde Scott und Stephanie Smith waren so großzügig, uns ihr Sonnensegel zu leihen, um uns vor der Sonne zu schützen.

Mein guter Freund Alan Goodsell war mir ebenfalls eine große Ermutigung und ein höchst geschätztes Bindeglied zwischen dem Verlag und mir. Alan ließ sich von mir mit Designideen bombardieren und bot kreative Außenperspektiven. Außerdem bot er mir vorübergehend Lagerfläche für meine Möbel und war der Hauptfotograf für die meisten Projektfotos.

Ich bin mir sicher, dass ich bei den Leuten von GMC Publications in Großbritannien öfter als nur ein paar Mal für Kopfschmerzen gesorgt habe: bei Jonathan Bailey, Wendy McAngus, Emma Foster und Dominique Page. Sie waren dafür verantwortlich, mich auf dem richtigen Weg und im Zeitplan zu halten, was sich als eher schwierig erwies. Und sie sind diejenigen, die meinen rohen Vorlagen den letzten Schliff verliehen haben, um das Buch zu gestalten, das Sie jetzt in Händen halten. Ich danke euch allen.

Ich bedanke mich vielmals bei Dan und Romina Diaco, dass ihr uns euren reizenden Garten als Location für unsere Outdoor-Fotos zur Verfügung gestellt habt.

Doch vor allem danke ich Ihnen, liebe Leser, für den Kauf dieses Buchs. Ich wäre nicht hier ohne Ihr Interesse und Ihre Unterstützung.

Stichwortverzeichnis

A
Adirondack-Sessel 116–123

B
Beistelltisch 20–25
Bohraufsätze 13–14
Bohren 13–15

G
Gartenbank 42–51
Grilltisch 78–83

H
Hängemattenständer 88–93
Hochbeet 57–63
Hollywoodschaukel 109–115
Holz 16–17
  Maße 17
  Oberflächenbehandlung 18–19

M
Markieren 10–11
Messen 10–11

P
Pergola 71–77
Picknicktisch 102–108

S
Sägen 11–13
  Arten von 11–12
Schleifen 16
Schrauben, Schrauber-Bits 13–15
Sicherheit 9

T
Techniken 8–19
Terrassentablett 84–87

V
Vogelfutterhäuschen mit Ständer 34–41

W
Wandleuchter 52–56
Werkzeug 8–16
Wunschbrunnen 64–70

Z
Zierbrücke 26–33

Umschlaggestaltung: Werbeagentur Rypka GmbH, A-8143 Dobl
Fotos: Randall Maxey, Alan Goodsell

Titel der englischen Originalausgabe: Randall A. Maxey: *Super Simple Outdoor Woodworking*
Text © Randall Maxey, 2022
Copyright in the Work © GMC Publications Ltd., 2022
The translation of *Super Simple Outdoor Woodworking* 978-1-78494-620-3 is published by arrangement with GMC Publications Ltd.

Aus dem Englischen übertragen von Nina Schön.

Bibliographische Information der Deutschen Nationalbibliothek
Die Deutsche Nationalbibliothek verzeichnet diese Publikation in der Deutschen Nationalbibliographie; detaillierte bibliographische Daten sind im Internet über http://dnb.d-nb.de abrufbar.

Hinweis:
Dieses Buch wurde auf chlorfrei gebleichtem Papier gedruckt. Die zum Schutz vor Verschmutzung verwendete Einschweißfolie ist aus Polyethylen chlor- und schwefelfrei hergestellt. Diese umweltfreundliche Folie verhält sich grundwasserneutral, ist voll recyclingfähig und verbrennt in Müllverbrennungsanlagen völlig ungiftig.

Auf Wunsch senden wir Ihnen gerne kostenlos unser Verlagsverzeichnis zu:
Leopold Stocker Verlag GmbH
Hofgasse 5 / Postfach 438
A-8011 Graz
Tel.: +43 (0)316/82 16 36
Fax: +43 (0)316/83 56 12
E-Mail: stocker-verlag@stocker-verlag.com
www.stocker-verlag.com

ISBN 978-3-7020-2060-6

Satz: Werbeagentur Rypka GmbH., A-8143 Dobl